Torfkraftwerke und Nebenproduktenanlagen

Technisch-wirtschaftliche Grundlagen für Innenkolonisierung

Von

Dr.-Ing. Erich Phi

Mit 28 Textabbildun

Berlin
Verlag von Julius Springer
1919

ISBN-13: 978-3-642-98327-6 e-ISBN-13: 978-3-642-99139-4
DOI: 10.1007/978-3-642-99139-4

Vorwort.

Urbarmachung von Ödland war nie dringender erforderlich als heute; die Notwendigkeit der Vergrößerung der landwirtschaftlichen Nutzungsfläche und der Schaffung von Bauern- und Siedlerstellen verlangen sie gebieterisch. Die volkswirtschaftlich beste Art der Urbarmachung ist bei den Hochmooren, deren Gesamtfläche in Deutschland etwa 1 Million Hektar betragen soll (ungefähr die Hälfte der Fläche von Württemberg), die Fehnkultur, bei der die Moormasse, der Torf, entfernt wird; dadurch können die im Torf enthaltenen gewaltigen Energiemengen, wichtige chemische Verbindungen und wertvolle Faserstoffe nutzbar gemacht werden. Für eine möglichst rasch fortschreitende Fehnkultur bieten nun Torfkraftwerke und Nebenproduktenanlagen (Torfverarbeitungsanlagen) zur Zeit die wichtigsten Möglichkeiten. Daß diese Wege technisch und wirtschaftlich gangbar sind, versuche ich in vorliegender Arbeit zu zeigen.

Die wissenschaftlichen und technischen Grundlagen der Untersuchungen sind aus der einschlägigen Literatur gewonnen und tunlichst vorsichtig eingesetzt und verarbeitet; ebenso die Preise für Material und Arbeitskräfte. Durchweg wurden möglichst nur solche Zahlen verwertet, die durch die Praxis bestätigt sind. Daß die Unterlagen nur Mittelwerte sein können, ist durch die Art der Behandlung des Gegenstandes bedingt: eine allgemeine Untersuchung, wie die vorliegende, kann — besonders da, wo sie einen so verschiedenartigen Stoff wie den Torf behandelt — sich nur auf Mittelwerten aufbauen. Das beeinträchtigt indessen keineswegs ihren praktischen Wert, zumal die Richtung gekennzeichnet ist, in der sich ihre Ergebnisse bei veränderten Grundlagen im Einzelfalle verschieben.

Die den Wirtschaftlichkeitsberechnungen zugrunde gelegten Preise sind die Friedenspreise von 1913/14. Sie geben die letzte feste und einheitliche Basis; die Kriegspreise sind inzwischen schon veraltet, ebenso wie es mit den Preisen der jetzigen Übergangszeit nach wenigen Wochen der Fall sein wird. Auch dieser Umstand tut dem praktischen Wert der vorliegenden grundsätzlichen Untersuchungen keinen Abbruch, zumal ja ohnehin in jedem wirklichen Einzelfalle die Rechnungen an Hand der tatsächlich vorliegenden Verhältnisse durchzurechnen sein werden. Dann aber wird man finden, daß die Preisänderung nur zugunsten der Torfverwertung ausfällt: die allgemeinen Unkosten, deren Hauptposten Verzinsung und Abschreibung der Anlagekosten bilden, werden verhältnismäßig weniger steigen als die für Steinkohleförderung, da die Maschinen für die Torfgewinnung viel roher sind, also viel weniger Lohn einschließen als die zum Teil sehr hochwertigen Maschinen der Kohlezechen. Die Löhne aber, die den größten Posten der Gewinnungskosten bilden, werden zweifellos bei der Kohleförderung stärker ansteigen, als bei der Torfgewinnung, die ja fast schon ländliche Arbeit ist. (Überdies betragen die Löhne bei der Torfförderung im ungünstigsten Falle nur rund 54 vH der Förderkosten, während sie sich bei Steinkohle auf etwa 65 vH belaufen sollen.)

Auf die Lücken in den technischen Vorarbeiten und die Art, in der sie auszufüllen sind, ist hingewiesen.

Die Schwierigkeiten der gewaltigen Aufgaben werden hier an keiner Stelle verkannt. Nachdem ich aber glaube, die technische Durchführbarkeit und die wirtschaftlichen Möglichkeiten gezeigt zu haben, ist hoffentlich der Zeitpunkt nicht mehr fern, in dem von zahllosen zusammenhanglosen „Meliorationen“ zu einer großzügigen Innenkolonisierung geschritten wird. Das wäre der schönste Erfolg dieser Arbeit.

Berlin-Charlottenburg, im April 1919.

Erich Philippi.

Inhaltsverzeichnis.

Zweiter Teil.

Torfkraftwerke.

Einleitung.

Die im Torf vorhandene Energie in Kraftwerken zur Erzeugung elektrischer Energie nutzbar zu machen, ist schon häufig angeregt, auch bereits versucht und durchgeführt worden. Bei den ausgeführten Werken handelt es sich meist um kleinere Anlagen bis zur Größe von etwa 1300 kW, die hauptsächlich in Rußland und Schweden gebaut sind. Von größeren ausgeführten Werken sind nur bekannt:

1. Das Elektrizitäts-Kraftwerk Wiesmoor bei Aurich in Ostfriesland, ins Leben gerufen durch die Tatkraft des Unterstaatssekretärs Dr. Ramm vom Preußischen Landwirtschafts-Ministerium, gebaut von den Siemens-Schuckert-Werken; es ist zur Zeit für eine Leistung von 7300 kVA ausgebaut, die es durch Verfeuerung von Torf unter Dampfkesseln in Turbodynamos erzeugt[1]).

2. Das Elektrizitäts-Kraftwerk Schweger-Moor, das in dem Frank-Caroschen Mondgasverfahren unter Gewinnung von Nebenprodukten den Torf vergast und mit dem erzeugten Gas 4 Gasmaschinen von je 1000 PS antreibt[2]).

3. Das Übermoor-Elektrizitätswerk Bogorodsk bei Moskau, das als Dampfturbinenzentrale mit drei 5000 kW-Drehstrommaschinen der Siemens-Schuckert-Werke erbaut ist[3]).

Über letztgenanntes Werk, das erst Ende 1914 in Betrieb kam, liegen Betriebsergebnisse noch nicht vor. — Das E. W. Wiesmoor soll nach anfänglichen Schwierigkeiten jetzt befriedigend arbeiten, während das E. W. Schweger-Moor wegen ungenügender Wirtschaftlichkeit im Jahre 1913 zunächst stillgelegt wurde; zu hohe Gestehungskosten des Torfes sollen der Hauptgrund für den wirtschaftlichen Mißerfolg gewesen sein.

---

[1]) J. Teichmüller, Elektrotechnik und Moorkultur. Elektrotechnische Zeitschrift 1912, S. 1255.

[2]) Bersch-Hamers, Bericht. Zeitschrift für Moorkultur und Torfverwertung 1912, S. 175.

[3]) Hausding, Handbuch der Torfgewinnung und Torfverwertung. Paul Parey, Berlin 1917, S. 442.

Eine beachtenswerte Anregung zum Bau eines Groß-Torfkraftwerkes für eine Leistung von 50 000 kW hat zuletzt Bartel gegeben[1]).

An weiteren Anregungen hat es nicht gefehlt. Jedoch wird dabei meistens die Schwierigkeit der Aufgabe übersehen; die Zahlen, die den Berechnungen — stets nur für einen bestimmten angenommenen Fall — zugrunde liegen, sind teils unsicher, teils aus kurzen Probebetrieben gewonnen; bisweilen werden sie auch recht leichtfertig angenommen. Wirkliche Unterlagen für die Beurteilung der Wirtschaftlichkeit bei der Verwertung von Torf in großen Mengen, auf die es letzten Endes allein ankommt, vermochten sie nicht zu erbringen.

Zweck der vorliegenden Arbeit soll die Untersuchung der Wirtschaftlichkeit sein, die für große Torfkraftwerke bei dem gegenwärtigen Stande der Technik zu erwarten ist, unter Berücksichtigung der verschiedenen Möglichkeiten des Betriebes.

Bevor man in diese Untersuchungen eintritt, wird kurz über die Torfmoore selbst zu sprechen sein, deren Urbarmachung der eigentliche Endzweck jeder Torfverwertung sein muß.

---

[1]) F. Bartel, Torfkraft. Julius Springer, Berlin 1913.

Erster Teil.

Torf.

I. Die Torfmoore.

1. Wesen, Entstehung, Arten und Größe der Moore.

Die Moore sind zutage liegende Lagerstätten von Überresten abgestorbener Pflanzen, die sich unter Luftabschluß im Wasser langsam zersetzt haben; die Zersetzungsprodukte bilden ein Humusgestein, den Torf. Die Moore entstehen demnach da, wo Pflanzen (gewisser Arten) in stehendem (oder sehr langsam fließendem) Gewässer, in großer Üppigkeit dort gediehen, nach ihrem Absterben durch das Wasser von dem Sauerstoff der Luft abgeschlossen, nicht verwesen können; sie zersetzen sich langsam unter Festhaltung des Kohlenstoffes; sie vertorfen.

Je nach der Pflanzengemeinschaft, aus der sich der Torf hauptsächlich gebildet hat, unterscheidet man verschiedene Arten von Torf. Andererseits sind die verschiedenen Torfarten gekennzeichnet durch die Art der Moorbildung. Hiernach unterscheidet man hauptsächlich zwei Gruppen: erstens die Flach- oder Niederungsmoore, die — oft mit einem geringen Gefälle gegen die Mitte, — meist in den Überschwemmungsgebieten von Flüssen und Seen liegen und häufig Sümpfe und Moräste bilden; sie sind auf nährstoffreichem Boden aus Ried- und Sumpfgräsern, Schilfrohr, Binsen, Schachtelhalmen, Wasserlilien, Aloë und ähnlichen Pflanzen entstanden; — zweitens die Hochmoore oder Moosmoore, auf nährstoffarmem Boden aus Wollgräsern, Torfmoosen, Seggen- und Heidekrautarten gewachsen; die Moose saugen das Wasser aus dem Untergrunde auf, wuchern dadurch sehr stark und bewirken so eine Erhöhung der Mooroberfläche, besonders in der Mitte, die oft mehrere Meter, bis zu 15, vereinzelt bis zu 20 und 24 m ansteigt. Vielfach wachsen Hochmoore aus Niederungsmooren auf. Moore, die aus Pflanzengruppen beider Moorarten, der Hochmoore und der Niederungsmoore, gebildet sind, geben eine dritte Moorart, die Übergangsmoore.

Die Moore sind — besonders in den niederschlagsreichen, kühleren Ländern — sehr verbreitet und nehmen vielfach einen erheblichen Bruchteil der Landoberfläche ein. Die verhältnismäßig größten Moore sind in Finnland; sie bilden mit über 10 Millionen ha mehr als 30% der Landfläche. An die zweite Stelle tritt Schweden, das mit etwa 5,2 Millionen ha noch unkultivierter Moore fast 13% seiner Landfläche bedeckt. Der Umfang der deutschen Moore wird auf 2 437 000 ha geschätzt, d. i. etwa 4,5 vH der Gesamtfläche Deutschlands; hiervon entfallen etwa 1 066 000 ha oder 1,9% auf Hochmoore. Die Verteilung auf die einzelnen Bundesstaaten und auf die preußischen Provinzen ergibt sich etwa aus folgender Übersicht:

	Hochmoor		Niederungsmoor		Zusammen	
	ha	%	ha	%	ha	%
Preußen	866 100	2,50	1 278 800	3,60	2 144 900	6,10
Bayern	80 000	1,06	66 400	0,87	146 400	1,93
Württemberg . . (1 951 400 ha)	12 000	0,60	6 000	0,30	18 000	0,90
Baden	18 000	1,20	12 000	0,80	30 000	2,00
Oldenburg	90 000	14,00	7 600	1,20	97 600	15,20
Deutschland zus. [1]	1 066 100	1,9	1 370 800	2,6	2 436 900	4,5

	Hochmoor	Niederungsmoor	Zusammen	
	ha	ha	ha	%
Westfalen	5 300	16 000	21 300	4,9
Hannover	303 300	160 300	463 600	12,0
Ostpreußen	95 000	95 000	190 000	5,1
Westpreußen . . .	43 000	43 000	86 000	3,4
Pommern	152 500	152 500	305 000	10,2
Schlesien	43 500	43 500	87 000	2,2
Posen	30 000	296 000	326 000	10,0
Brandenburg . . .	50 000	300 000	350 000	18,7
Sachsen	8 500	75 500	84 000	3,3
Schleswig-Holstein .	100 000	76 000	176 000	9,3
Hessen-Nassau . .	5 000	6 000	11 000	0,1
Rheinprovinz . . .	30 000	15 000	45 000	1,7
Zusammen	866 100	1 278 800	2 144 900	6,1

Diese Zahlen, die für Preußen größtenteils nach Fleischer mitgeteilt sind, und die in der einschlägigen neuesten Literatur von verschiedenen Verfassern mitgeteilt werden, können auf Zuverlässigkeit keinerlei Anspruch machen; eine genaue Vermessung der Moore ist

[1] In Österreich sind Moore von mehr als 100 ha sehr selten.

bisher noch nicht durchgeführt. Die mitgeteilten Zahlen werden nach neueren Feststellungen als ganz beträchtlich zu hoch angesehen; sie sollen die Größe der Ödländereien (im engeren Sinne) teilweise einschließen. Immerhin ersieht man, daß es sich um gewaltige Flächen handelt.

Besonders große zusammenhängende Moorflächen sind in Ostpreußen vorhanden (Ibenhorster Moor mit 15 000 ha, Tyrusmoor mit 4 000 ha, Augstumalmoor mit 3000 ha und mehrere andere mit je 2000 bis 1000 ha); ferner sind besonders große Moore in Bayern (Erdinger Moos mit 24 000 ha, Dachauer Moos mit 18 000 ha, Donaumoos mit 17 000 ha, Moore bei Königsdorf, Penzburg und Kochel mit zusammen 8600 ha, Filze bei Aibling mit 4500 ha, Ammermoos bei Weilheim mit 2900 ha, Chiemseemoor bei Bernau mit 2500 ha und noch einige andere mit mehr als je 1000 ha); auch in Württemberg sind große Moore (Buchauer Ried mit 3600 ha, Langenauer Ried mit 2600 ha, Wurzacher Ried mit 1800 ha, Pfranger Ried mit 1400 ha); weiter sind große Moorflächen in den Regierungsbezirken Aurich und Osnabrück, sowie im Großherzogtum Oldenburg.

2. Landwirtschaftliche Nutzungsmöglichkeiten.

Diese ungeheueren Flächen sind nun Ödland — im weiteren Sinne —, d. h. sie sind für die Landwirtschaft nicht nutzbar, sofern sie nicht durch besondere Maßnahmen kultiviert worden sind.

Friedrich der Große unternahm die erste großzügige Urbarmachung der Niedermoore, die dann in der zweiten Hälfte des 19. Jahrhunderts wieder aufgenommen und in der jüngsten Zeit mit erhöhtem Nachdruck gefördert wurde[1]); erst kürzlich hat ein bedeutender Teil dieses Kulturwerkes seinen Abschluß gefunden. Jedoch weist Fleischer[2]) darauf hin, daß bisher erst weniger als 20% der Preußischen Moore urbar gemacht sind, und daß auf den noch nicht urbar gemachten Mooren Preußens 70 000 Bauernfamilien angesiedelt werden und durch Weidenutzung 15 Millionen Menschen mit Fleisch ernährt werden könnten.

Von allen ausgeführten und in Vorbereitung befindlichen Landesmeliorationen entfallen auf Hochmoorflächen nur etwa 5 bzw. 10% der Kultivierung von Niedermoorflächen[3]).

a) Arten der Moorkulturen. Um die Moore der landwirtschaftlichen Nutzung zu erschließen, sind zwei Möglichkeiten gegeben: entweder die Mooroberfläche selbst soll die Kulturpflanzen tragen, oder

---

[1]) Thronrede zur Eröffnung des Preußischen Landtages 1910/11, und: Versammlung des Deutschen Landwirtschaftsrates im Februar 1911.

[2]) Fleischer, Die Versorgung Deutschlands mit Fleisch und die Kultivierung unserer Moor- und Heideböden. (Als Manuskript gedruckt und herausgegeben vom Verein zur Förderung der Moorkultur im Deutschen Reiche.)

[3]) Denkschrift über die Moorkultur und die Moorbesiedlung in Preußen vom Preußischen Landwirtschaftsministerium an das Preußische Abgeordnetenhaus vom 31. Januar 1912.

die Moormasse, der Torf, wird entfernt, und die Kulturpflanzen werden auf dem Mooruntergrund angebaut.

Im ersten Falle (bei Anwendung der heute bewährtesten Enttorfungsverfahren auch im zweiten Falle) müssen die Moore vor allem durch Absenkung des Grundwasserspiegels entwässert werden, und zwar bei Kultivierung der Mooroberfläche so weit, daß Kulturpflanzen bei geeigneter Ernährung auf ihrer Fläche gedeihen können. Die Entwässerung geschieht durch Kanäle, die möglichst schiffbar angelegt werden und durch Gräben oder Drains. Hat sich das Moor infolge der Entwässerung so weit gesetzt, daß es Mensch oder Vieh oder entsprechende Maschinen tragen kann, so wird meist zuerst durch Umbruch die ursprüngliche Pflanzendecke zerstört, worauf dann die mechanische und nötigenfalls die chemische Bearbeitung der Oberfläche folgt, wie: Einebnung, Verdichtung oder Durchlüftung, Bedecken mit einer Schicht mineralischen Bodens oder Düngung (Niedermoorkultur: Schwarzkultur und Deckkultur). Auf diese Arten werden die Niederungsmoore kultiviert; sie geben bei ihrem hohen Gehalt an Kalk und Stickstoff — auch ihr Phosphorgehalt ist ein vielfaches von dem der Hochmoore — einen guten Nährboden für die Kulturpflanzen ab. Auch kommt bei einem rationellen Betrieb ihre Abtorfung gewöhnlich nicht in Frage, weil das enttorfte Land meist nur für Korbweidekulturen oder Anlage von Fischteichen, nicht aber für eigentliche landwirtschaftliche Nutzung zu gebrauchen ist.

Auch die Oberfläche der Hochmoore kann, wenngleich ihr Gehalt an Pflanzennährstoffen meist ungenügend ist, bei entsprechender mechanischer und chemischer Behandlung kultiviert werden (Deutsche Hochmoorkultur und Mischkultur). Bei den Hochmooren kann man aber unter voller Wahrung, meist unter Verbesserung aller landwirtschaftlichen Nutzungsmöglichkeiten (so sollen auoh die Nachtfröste weniger schädlich auftreten) den Torf nutzbar machen; nach Entfernung der oberen, noch wenig zersetzten lockeren Schicht, die der jüngere Moostorf bildet, der sogenannten Bunkerde, wird der Torf abgebaut, und dann der mineralische Untergrund mit Bunkerde wieder zugedeckt. Nach geeigneter Behandlung ergibt sich dann hier ein vorzüglicher Kulturboden (Fehnkultur).

b) Erträgnis und Wirtschaftlichkeit der Moorkulturen. Durch die Moorkulturen können die weiten von den Torfmooren bedeckten Flächen der landwirtschaftlichen Nutzung erschlossen werden. Nach Fauser[1]) sind auf Moorwiesen Erträge von 80—100 Doppelzentner besten Dürrfutters vom Hektar nichts Seltenes; nach Versuchen von Tacke im Maybuscher Moor auf Hochmoorweiden könne mit einer durchschnittlichen Zunahme des Lebendgewichts von 335 kg vom Hektar während einer Weideperiode gerechnet werden. „Von den Halmfrüchten gedeihen

[1]) Otto Fauser, Meliorationen. Berlin 1914.

besonders Roggen (bis 36 Dz/ha) und Hafer (bis 40 Dz/ha) und von den Hackfrüchten vor allem Kartoffeln (bis 370 Dz/ha) auf Moorböden sehr gut. Für den Gemüsebau endlich ist der Moorboden ganz besonders geeignet, und zwar zeichnet sich das auf ihm gezogene Gemüse durch Wohlgeschmack und Zartheit aus.“ Die Zahlen sind aber wohl nur Höchstwerte.

Die Rentabilität der Moorkultur ist bei sachgemäßer Durchführung trotz der nicht unbedeutenden Anlage- und Unterhaltungskosten, eine sehr gute. Das „Landlexikon“[1]) gibt die Verzinsung der Meliorationskosten bei besandeten Niedermoorwiesen mit 11,7%, bei nicht besandeten mit 28,9% an.[2]) Bei Ackerkulturen auf Hochmooren sollen sich die Anlagekosten durch die Reinerträge selbst in ungünstigen Fällen schon in den ersten drei Jahren bezahlt machen[3]).

3. Energievorrat in den Mooren.

Bei der Hochmoorkultur bleibt aber der Torf unbenutzt liegen, obwohl — wie oben erwähnt — auch nach seinem Abbau der Boden landwirtschaftlich zu verwerten ist, und zwar sogar meist in noch ausgiebigerem Maße als bei der Hochmoorkultur.

Von den Verwertungsmöglichkeiten für den Torf ist die wichtigste seine Verwertung als Energiequelle. Es handelt sich hier um sehr beträchtliche Energiemengen, die im Torf gebunden sind. Nimmt man die mittlere Mächtigkeit der deutschen Hochmoore mit 4 m an, so bergen sie in ihrer Fläche von 1 066 100 ha 42,6 Milliarden cbm Rohtorf von etwa 95% Feuchtigkeitsgehalt; diese Torfmenge könnte rund 10^{16} kcal erzeugen, das ist so viel, wie man aus rund 1,5 Milliarden t guter Steinkohle oder 3,6 Milliarden t Braunkohle gewinnt. Diese Wärmemenge ist etwa 15 800 Milliarden PSst. oder 11 600 Milliarden kWst. theoretisch gleichwertig; unter Berücksichtigung aller Verluste könnte man mit ihr heute in neuzeitlichen großen Dampfturbinen-Kraftwerken rund 1790 Milliarden kWst. oder 2,05 Millionen kW 100 Jahre lang ununterbrochen erzeugen.

Zum Vergleich sei angeführt, daß die in Deutschland verfügbaren Wasserkräfte nach Schwemann[4]) 1 425 000 PS (= etwa 1,05 Millionen kW) betragen, wovon im Jahre 1909 noch nicht ein Viertel ausgenutzt war. — Nach derselben Quelle werden die gesamten Braunkohlenvorräte Deutschlands auf noch 8 Milliarden t (im Jahre 1910) geschätzt. — Die deutsche Kohlenförderung betrug im Jahre 1909 149 Millionen t

[1]) Putlitz und Maier, Bd. 4, S. 704.

[2]) Nach anderen Angaben („Die Rentabilität der forstfiskalischen Meliorierungskosten“) bringen Wiesenanlagen auf Niederungsmooren unter normalen Bedingungen Durchschnittsrenten von 15 bis 25%.

Die Rentabilität wird sich unter den jetzigen Lohn- und Preisverhältnissen anders gestalten; sie wäre im Einzelfalle zu prüfen.

[3]) Fauser, a. a. O.

[4]) A. Schwemann, Verfügbare Energiemengen der Weltwirtschaft. Technik und Wirtschaft 1911, S. 513 ff.

Steinkohle und 68,5 Millionen t Braunkohle; im gleichen Jahre die Einfuhr nach Deutschland an Steinkohle 12,2 (Ausfuhr 23,4), an Braunkohle 8,2 (Ausfuhr 0,04) Millionen t. (Steinkohlenkoks und Briketts, sowie Braunkohlenbriketts sind in diesen Zahlen nicht berücksichtigt.)

Man ersieht aus dieser einfachen Gegenüberstellung, daß die Moorwirtschaft, — abgesehen von der vorherrschenden Wichtigkeit für die Landwirtschaft und damit für die Volksernährung — von nicht zu unterschätzender Bedeutung für die Energiewirtschaft ist; damit gewinnt sie für den Ingenieur ein besonderes Interesse.

Die rationellste Art der Nutzung von Hochmooren wird vielfach diejenige sein, bei der, nach vorhergehender Entwässerung, zunächst die Moorfläche unter Hochmoorkultur genommen und danach das Moor allmählich verfehnt, d. h. der Torf abgebaut und industriell nutzbar gemacht, der Mooruntergrund landwirtschaftlich nutzbar gemacht wird.

II. Der Torf.

1. Gewinnung.

a) Herstellungsweisen. Der Träger der im Moore aufgespeicherten Energiemengen ist der Torf. Die wirtschaftliche Gewinnung des Torfes ist die Grundlage für die wirtschaftlichen Möglichkeiten seiner Verwertung im großen, insbesondere in Torfkraftwerken. Das Hauptproblem bei seiner Gewinnung wiederum ist die schnellste und billigste Art, die im Rohtorf enthaltene große Menge Wassers, die jeder weiteren Verwendung des Torfes hinderlich ist, zu entfernen. Denn auch nach der oben erwähnten Entwässerung des Moores durch Kanäle und Gräben oder Drains, soweit, daß es Menschen, Tiere und Maschinen tragen kann, ist der Wassergehalt des Torfes nur auf 80—90% vermindert worden. Eine zu weit gehende Entwässerung des Moores ist sowohl für einen Pflanzenanbau auf der Oberfläche, wie für die Torfgewinnung nachteilig.

Die älteste und einfachste Form der Torfgewinnung ist die durch Handarbeit. Dabei wird der Torf durch geeignete Werkzeuge in ziegelförmigen Stücken, Soden genannt, aus dem Moore abgestochen und an der Luft getrocknet. Der so gewonnene Torf heißt „Stichtorf“. Die Handarbeit hat man durch Maschinen nachgeahmt, die zwar Menschenarbeit ersparen, deren Erzeugnis, der Schnittorf, sich aber von dem durch Handarbeit gewonnenen nicht unterscheidet. Der so erzeugte Torf ist mit den verschiedenen Moorschichten, aus denen er stammt, ungleichartig, reißt beim Trocknen und zerbröckelt leicht beim Verladen; auch nimmt er nach dem Trocknen leicht wieder größere Mengen Wasser auf und hat eine geringe Dichte, also einen geringen Nutzwert auf bestimmten Rauminhalt.

Dem hat man dadurch abzuhelfen gesucht, daß man den durch Schaufeln oder Bagger aus dem Moore heraufgeholten Torf mischt und knetet und dann erst in Soden formt. Der dadurch erhaltene Stampftorf (Knet-, Tret-, Back-, Brei-, Schlämm-, Model-, Streichtorf oder Baggertorf) ist von größerer Festigkeit und Dichte als der Stichtorf oder der Schnittorf.

Läßt man das Mischen und Kneten durch Maschinen bewirken, die zuvor die rohe Torfmasse zerreißen, so erhält man einen gleichmäßigen, verdichteten „Maschinentorf" von hoher Dichte und Festigkeit, die mit dem Grade der Zerreiß- und Mischwirkung der Maschinen wachsen. Andere Verfahren zur Verdichtung des Torfes, wie das Schlämm- oder Siebverfahren, haben sich wirtschaftlich nicht bewährt[1]).

Bei allen diesen Gewinnungsarten wird der Torf an der Luft getrocknet. Nach dem für große Fördermengen wohl allein anwendbaren Verfahren werden die Soden des Maschinentorfes — nur von diesem, als dem besten und für Großverwertung allein in Frage kommenden Soden-Torf soll hinfort die Rede sein — flach auf das Trockenfeld gelegt, nach 3 bis 8 Tagen — je nach dem Wetter — gewendet, oft auch in kleinen Häufchen aufgestellt und nach weiteren etwa 5 bis 8 Tagen zu größeren Haufen lose geschichtet, so daß der Wind trocknend hindurchstreichen kann. Guter Maschinentorf erhält sehr bald als Zeichen beginnender Trocknung eine lederharte Oberfläche, so daß ihm selbst starker und anhaltender Regen nichts mehr anhaben kann. Nach im ganzen 5 bis 8 Wochen, je nach Witterung und Gegend, ist der Torf „lufttrocken"; in diesem Zustande hat er, je nach dem Sättigungsgrad der umgebenden Luft, noch einen Gehalt an Feuchtigkeitswasser von 15 bis 20%, oft aber bis 25%[2]). Mehr Feuchtigkeit nimmt er auch im Regen dann nicht mehr auf. Regen läuft bei ihm ab, wie bei Steinkohle; er kann daher im Freien in großen Haufen gelagert werden.

Die Trockenzeit wird verkürzt, wenn man die Abmessungen der Soden verkleinert, oder, weil dies wieder die Arbeit für das Wenden und Häufeln verteuert, möglichst das Verhältnis von Oberfläche zu Inhalt vergrößert. Frische Soden haben gewöhnlich einen Inhalt von 2 bis 6 Liter; als günstigste Form wird für frische Soden $8 \times 10 \times 25$ cm (lufttrocken etwa $5{,}5 \times 6 \times 15$ cm) angegeben[3]).

Mit diesen „Einheitssoden" soll fernerhin gerechnet werden. — Eine nicht unerhebliche Beschleunigung der Trocknung mit gleichzeitiger Vermeidung von Rissebildung soll durch die von C. Schlickeysen vorgeschlagene „Rissefreie Schnelltrocknung" erzielt werden, bei der dem Rohtorf beim Einwerfen in die Misch- und Formmaschine geringe Mengen kleingemahlenen Torf-, Kohlen- oder Koksgruses zugesetzt werden.

Als Größe des Trockenfeldes ist nach Schreiber[4]) für 1000 cbm

---

[1]) Hausding, a. a. O.

[2]) Vergl. S. 12.

[3]) Hausding, a. a. O. S. 114 und S. 193.

[4]) Österreichische Moor-Zeitschrift 1903, S. 92 und 93.

(= etwa 1000 t) Rohmoor ein Trockenplatz von etwa 1,2 ha anzunehmen; bei Einheitssoden dürfte er sich auf etwa 1,5 ha erhöhen.

Das Wenden und das Häufeln des Torfes wird bisher durch Frauen und Kinder ausgeführt; es verursacht nicht unerhebliche Kosten und, was oft noch mehr ins Gewicht fällt, es verlangt bei großen Fördermengen ein Heer von Menschen. Deshalb wird jetzt vom Verfasser vorgeschlagen, das Wenden und das Häufeln durch besondersartige Maschinen oder Geräte auszuführen. Diese Geräte können, ähnlich den mechanischen Pflügen zu mehreren zusammengebaut und mechanisch (durch Lokomobilen oder elektrisch) betrieben werden, und geben dann bei geringer Bedienung große Leistungen. (D. R. P. ang.)

Alle bisher bekannten Verfahren, mit denen auf anderem Wege, als durch Trocknung an freier Luft, die Entfernung des Wassers aus dem Torf herbeigeführt werden soll, sind entweder wirtschaftlich oder der Natur des Torfes nach wertlos. — Auf den kolloïdalen Zustand des Torfes hat besonders Hoering[1]) aufmerksam gemacht. Dadurch wird auch die große Festigkeit des getrockneten Torfes erklärt und — durch die Irreversibilität dieses Kolloïds — die oben erwähnte Tatsache, daß der Torf, nach Überschreitung eines gewissen Trockenheitsgrades, kein Wasser mehr aufnimmt. Solange der kolloïdale Zustand jedoch besteht, kann das Wasser, die „flüssige Phase", durch keine Art der Pressung (dazu gehört auch Druckfiltration, Zentrifugierung usw.) entfernt werden; die vielen Versuche in dieser Richtung sind also von vornherein verfehlt. Das Wasser wird bei dem kolloïdalen Zustand durch molekulare Kräfte gehalten; nur durch Kräfte, die im gleichen Bereich wirksam sind, d. h. durch chemische und physikalische, ist es zu trennen. Auf die Unwirtschaftlichkeit von Versuchen mit derartigen Mitteln hat Hausding[2]) in seinem grundlegenden Buche eindringlich hingewiesen; auch Hoering macht darauf aufmerksam.

Die Verfahren für die Torftrocknung, bei denen zwecks Entfernung des Wassers der kolloïdale Zustand zerstört wird, sind meist ebenfalls unwirtschaftlich. Eine der Ursachen für die Zerstörung des kolloïdalen Zustandes aber ist der Frost, wenn er auf Torf von mehr als 40% Feuchtigkeitswasser wirkt[3]). Der wiederaufgetaute Torf zerfällt jedoch nach dem Trocknen zu einer bröckligen, pulverigen Masse, die trotz ihres unverminderten Heizwertes in gewöhnlichen Feuerungen nicht zu verwerten ist. Jedoch sollen einzelne Fabriken in Schweden — nach längeren Fehlversuchen —, neuerdings auch die schwedischen Staatsbahnen,

[1]) P. Hoering, Moornutzung und Torfverwertung. Julius Springer, Berlin 1915.

[2]) A. Hausding, a. a. O.

[3]) D. R. P. Nr. 217118 vom 30. 4. 1907, Alexanderson in Stockholm: Entwässerung von Rohtorf nach Durchfrieren und Auftauen durch Abpressen des Wassers.

mit Torfpulverfeuerungen nach Ekelund gute Erfahrungen gemacht haben[1]). Hier könnten vielleicht noch weitere Versuche einsetzen. Das Torfpulver nimmt aber sehr leicht wieder einen großen Prozentsatz Feuchtigkeit auf; es dürfte daher im großen wohl hauptsächlich in Torfgeneratoren zu verwerten sein, wo es auf den Feuchtigkeitsgrad weniger ankommen soll (vgl. unten); zu prüfen bliebe, ob bei Betrieb der Generatoren mit Torfpulver ein regelmäßiges Nachrutschen des Brennstoffes gesichert bleibt. — Durch Einwirkung von Frost gewonnener Pulvertorf dürfte auch als Zusatz bei der Schnelltrocknung nach Schlickeysen in Frage kommen.

Die erwähnte Einwirkung des Frostes ist, abgesehen von seinem Einfluß auf die Baggerfähigkeit des Moores, auch die Ursache für die zeitliche Begrenzung der jährlichen Torfgewinnungsarbeit. Zur Vermeidung der Frostwirkung ist die Torfgewinnung in Deutschland auf eine Zeit von durchschnittlich etwa 100 Tagen beschränkt; in Westdeutschland ist sie etwas höher; auch kann sie durch Verkürzung der für die Soden nötigen Trockenzeit infolge deren zweckmäßiger Gestaltung und durch Anwendung der oben erwähnten „rissefreien Schnelltrocknung" für die letzten Abtorfwochen im Jahre nicht unbeträchtlich verlängert werden. Man kann dann wohl mit einer durchschnittlichen Gewinnungszeit von wenigstens 120 Tagen jährlich rechnen. (Bei der später erwähnten Wielandschen Torfmaschine werden — nur wegen der günstigen Arbeitsweise — sogar 140 Arbeitstage angenommen.)

Für den Großbetrieb, der hier allein von Belang ist, kommt nur die Torfgewinnung durch große Bagger mit möglichst selbsttätiger Verarbeitung des Rohtorfes zu dichten Sonden in Frage. Solche Maschinen gibt es bereits in verschiedener Ausführung; in Deutschland sind die bekanntesten die von Wieland[2]), Strenge[3]), Baumann-Schenk[4]) und Dolberg[5]). Sie sind sämtlich auf der gleichen Grundlage durchgebildet; ein Eimerbagger, der den Torf aus dem Moor dessen ganzer Tiefe nach, also aus allen Schichten, entnimmt, wirft ihn in eine Misch- und Formmaschine, dort wird der austretende Strang zerrissenen, gemischten, gekneteten und geformten Torfes durch den Sodenabschneider. in Sodenlänge zerteilt und durch einen Sodenableger auf das Trockenfeld verteilt. Diese Maschinen werden elektrisch angetrieben; sie leisten in den bisherigen Ausführungen bis 80 cbm Rohmoor stündlich,

[1]) Hausding, a. a. O. (S. 177 und S. 432) und Bericht von Hauptmann Wallgren im Jahrbuch der Moorkunde 1913, S. 70. — Das Torfpulver ist hier aber auf ganz andere Art erhalten. (Siehe S. 39.)

[2]) Hausding, a. a. O. S. 165.

[3]) Paulmann und Blaum, Die Torfgewinnungsmaschine Bauart Strenge. Zeitschrift des Vereins deutsche Ingenieure 1911, S. 979 ff. und Hausding, a. a. O. S. 168.

[4]) Hausding, a. a. O. S. 171.

[5]) Hausding, a. a. O. S. 173.

versagen aber bei Holzeinschlüssen im Moor, die häufig vorkommen. Um diesem Mißstand zu begegnen, will Baumann eine von ihm konstruierte Torffräsmaschine[1]) benutzen, bei welcher der Torf statt durch Eimerbagger durch fräserartige Werkzeuge aus dem Moor gelöst werden soll, und mit der auch holzhaltiges Moor zu bewältigen ist. Diese Maschine soll auch wesentlich erhöhte Leistungsfähigkeit besitzen; jedoch liegen Ergebnisse über Dauerversuche noch nicht vor. — Von den bisher erprobten Konstruktionen dürften Holzeinschlüsse im Moor am besten durch Löffelbagger bewältigt werden[2]); sie werden z. Z. bis zu Leistungen von 490 cbm/st. gebaut[3]). Jedoch ist es fraglich, ob Maschinen dieser Größe im Moore anwendbar sind. Übrigens sind Eimerbagger bis zu noch größeren Leistungen (896 cbm/st.) durchgebildet worden[4]).

b) Gestehungskosten. Wie oben ausgeführt, hat lufttrockener Torf eine Feuchtigkeit von 15 bis 20%. Nach einer von Hausding[5]) mitgeteilten Übersicht über Messungen an verschiedensten Torfsorten hat lufttrockener Maschinentorf im Mittel nur eine Feuchtigkeit von 15—18%, an anderer Stelle wird der höchste beobachtete Wert mit 22% angegeben. Die Wasseraufnahme nach 24stündigem Regen wurde mit durchschnittlich 2,5% gemessen. Man ist also sehr vorsichtig, wenn man den Rechnungen einen Torf mit 25 v H Feuchtigkeitsgehalt zugrunde legt.

Daher soll alles Folgende auf lufttrockenen Maschinentorf mit 25% Feuchtigkeit bezogen werden.

Über die Gestehungskosten für Torf werden die allerverschiedensten Angaben gemacht; oft können diese Angaben nur auf Annahmen beruhen, die durch keine wirklichen oder der Wirklichkeit entsprechenden Unterlagen gestützt sind; so, wenn z. B. Heinz[6]) anführt, die Gestehungskosten für Torf würden bis herab zu 0,5 M. für die Tonne angegeben, und dann selbst in seine Rechnung einen Gestehungspreis von 1 M. für die Tonne lufttrockenen Torf einführt. Bei einem so geringem Preise wäre die Torfverwertung heute schon auf einer erheblich höheren Stufe; leider ist der wirkliche Preis recht beträchtlich höher.

Teichmüller rechnet in seiner bereits erwähnten Arbeit über das Kraftwerk Wiesmoor[7]) mit einem Gestehungspreise von 5 M/t lufttrocken, bei einer mittleren Tagesleistung von etwa 350 t lufttrockenen Torf.

---

[1]) Hausding, a. a. O. S. 173.

[2]) E. Link, Erdbau. Berlin 1912. — Richter, Die Entwicklung und Bedeutung der Dampfschaufeln. Zeitschrift des Vereins deutscher Ingenieure 1907, S. 1694.

[3]) Zeitschrift des Vereins deutscher Ingenieure 115. Rundschau S. 826.

[4]) Zeitschrift des Vereins deutscher Ingenieure 1911. Rundschau S. 1178.

[5]) Hausding, a. a. O. S. 254.

[6]) Heinz, Die Ausnutzung unserer Torfmoore. Zeitschrift des Vereins deutscher Ingenieure 1911, S. 371.

[7]) Teichmüller, a. a. O. S. 1317.

Wie weit dieser Preis auf wirklichen Betriebsergebnissen beruht, wird nicht angegeben. — Trenkler[1]) gibt ebenfalls einen Preis von 5 M/t lufttrocken frei Verwendungsstelle im Moor an; bei Verwendung automatischer Ableger mit Baggern könne jedoch mit Gestehungskosten von 5 M/t absolut trockenem Torf gerechnet werden, was einem Preise von 3,75 M/t Torf mit 25% Feuchtigkeit entsprechen würde; hierin seien 1 bis 1,5 M/t an Löhnen für Transport usw. enthalten. — Nach Angabe von Weber[2]) betrugen nach Betriebsergebnissen im Elisabethfehn die Kosten in der von ihm geleiteten Torfvergasungsanlage bei Anwendung von Wielandtschen Baggern mit selbsttätigem Ableger 3,18 M/t für lufttrockenen Torf. Nach anderen Angaben der Betriebsleitung[3]) betragen im Elisabethfehner Werk bei Anwendung von Wielandtschen Baggern mit Sodenablegern die Selbstkosten laut Buch: für Arbeitslöhne an den Maschinen 0,61 M., für Trocknen 1,305 M., für Anliefern 0,977 M., für Nebenkosten, Schmiermittel usw. 0,367 M. zusammen 3,26 M/t lufttrockenen Torf frei Fabrikaufzug; bei Hinzurechnung der Stromkosten[4]) und der Tilgung für die Kosten der Torfgewinnungsanlage seien die gesamten Selbstkosten 4 M/t lufttrockenen Torf bei einer mittleren Tagesleistung von etwa 140 t lufttrockenen Torf.

Wie weit bei allen diesen Angaben die wirklichen Selbstkosten einschließlich aller Nebenkosten, wie Versicherungen, Steuern, Verwaltungsunkosten, Reparaturen usw., sowie der aus den Hilfsanlagen (Gleisen, elektrischen Leitungen usw.) entstehenden Kosten berücksichtigt sind, ist nicht festzustellen. Jedoch dürften wohl die angeführten Preise in der Tat unter den vollen tatsächlichen Selbstkosten bleiben, wie auch aus vielen Mißerfolgen von Unternehmungen zu schließen ist, die sich auf solchen Preisen aufbauen. — Wie Hausding mehrfach angibt, betragen die Torfkosten in Wirklichkeit tatsächlich stets erheblich mehr; so bei einem Moor in Ostfriesland mit etwa 120 t lufttrockenen Torf Tagesleistung (50 t durch Großmaschine, 70 t durch Handstich und Formmaschinen) 8—9 M/t, die man auf 6—7 M/t zu ermäßigen hofft.

Hier soll nun versucht werden, die wirklichen Selbstkosten zu berechnen und zwar für Förderanlagen verschiedener Größe bei Anwendung von Maschinen mit Eimerbagger und bei solchen mit Löffelbagger, beide mit selbsttätigem Sodenableger.

---

[1]) Trenkler, Kraftgaserzeugung bei gleichzeitiger Gewinnung von Nebenprodukten. Elektrotechnische Zeitschrift 1914, S. 672 ff.

[2]) W. Weber, Mitteilungen des Vereins zur Forderung der Moorkultur im Deutschen Reiche 1913, S. 321. Sprechsaal. Antwort 26.

[3]) Hausding, a. a. O. S. 167.

[4]) Die elektrische Arbeit wurde als Nebenprodukt gewonnen und stellte sich auf nur 0,25 M/st. für 1 Masch. (18 kW).

Sowohl für die Anlagekosten wie für Löhne werden durchweg alte Friedenspreise — von 1913/14 — eingesetzt[1]).

1. Anlage mit Eimerbaggern von bisher gebrauchter Größe.

Die Anlage arbeite im 24-Stundenbetrieb mit 3 Schichten während 120 Tagen im Jahre. Für jede Schicht sind zweimal $^1/_2$ Stunde Pause, für jeden Tag 1 Stunde für Schmieren und Überholen anzusetzen, so daß man also mit 20 Arbeitsstunden rechnen kann.

Jede Maschine verarbeitet stündlich 40 cbm[2]), täglich 800 cbm Rohmoor. Dessen Feuchtigkeitsgehalt, der in den oberen Schichten geringer, in den unteren größer sein wird (für die Verarbeitung mit Maschinen kann er bis auf 70—80% sinken[3])), werde als recht ungünstiges Mittel mit 85% angenommen. Da für 1 cbm Rohmoor nach Hausding[4]) ein mittleres Gewicht von 1 t geschätzt werden kann, beträgt die tägliche Leistung einer Maschine 800 t Rohmoor oder 160 t lufttrockenen Torf mit 25% Feuchtigkeit. Unter Berücksichtigung eines Verlustes von etwa 12% bei den Maßnahmen zum Trocknen und beim Transport erhält man für jeden Bagger eine Ausbeute von **140 t** lufttrockenen Torf täglich.

Es sei angenommen, die Anlage soll im ganzen 700 t täglich, d. h. bei 120 Arbeitstagen im Jahre 84 000 t lufttrockenen Torf fördern, muß also mit 5 Baggern arbeiten. Von vollständigen Reservemaschinen dürfte bei der kurzen Arbeitsperiode von 120 Tagen abgesehen werden können, zumal die Maschinen alle sehr einfach sind. Nur ein gut gefülltes Lager von Reserveteilen für alle Brüchen leicht ausgesetzten Teile (insbesondere auch Mischer für die Mischmaschine) ist zu halten, sowie ein Reserve-Elektromotor.

Damit ergibt sich folgendes:

I. Anlagekosten.

5	Baggermaschinen, komplett mit Sodenableger, je 30 000 M.	150 000,— M.
6	50 kW (60 PS)-Drehstrom-Elektromotoren, ventiliert geschützt, mit Zubehör je 3500,— M.	21 000,— M.
2	Sodenbrecher mit Motoren, für Schlickeysenverfahren	20 000,— M.
12	km Gleis mit Fahrleitung je 25 000,— M.	300 000,— M.
3	km Hochspannungsleitung je 5000,— M.	15 000,— M.
6	km Arbeitsleitung je 2500,— M.	15 000,— M.
	Übertrag	521 000,— M.

[1]) Vergl. Vorwort.
[2]) Paulmann und Blaum, a. a. O.
[3]) Hausding, a. a. O. S. 23. Hoering, a. a. O. S. 180.
[4]) Hausding, a. a. O. S. 31.

Übertrag	521 000,— M.
2 fahrbare Transformatorstationen für Kraft	10 000,— M.
1 desgl. für Bahn	5 000,— M.
2 „ „ Licht	6 000,— M.
Beleuchtungsanlage	50 000,— M.
1 Vierwagenzug	80 000,— M.
Transportband für Elevator	17 000,— M.
Plattformmotorwagen	20 000,— M.
Arbeiterzug (Triebwagen und Anhänger)	40 000,— M.
Fracht und Anfuhr	10 000,— M.
Aufstellung der Maschinen	5 000,— M.
Unterkunftsräume, Kantine	80 000,— M.
Reserveteile, Verschiedenes (5% der Summe) . .	46 000,— M.
zusammen	890 000,— M.

II. Laufende Ausgaben.

a) Betriebskosten.

Täglich (für $5 \times 140 = 700$ t lufttrockenen Torf.)

Elektrische Arbeit:

Fördern (einschließlich Formmaschine und Brecher) 5×50 kW $\times 20$ st $= 5000$ kWst je 0,03 M.	150,— M.	
Bahnen, Elevator usw. $= 900$ kWst je 0,03 M.	27,— M.	
Licht 200 kWst je 0,10 M. .	20,— M.	
		197,— M. = 0,282 M/t

Löhne (für 3 Schichten zu 8 Stunden).

Fördern:

jede Schicht

1 Obermeister	8,— M.	
5 Baggerführer je 5,— M.	25,— M.	
5 Hilfsmaschinisten am Bagger je 4,50 M. . . .	22,50 M.	
5 Arbeiter an der Mischmaschine je 4,— M. . .	20,— M.	
5 Arbeiter am Ableger je 4,— M.	20,— M.	
1 Arbeiter am Brecher . .	4,— M.	
Übertrag:	99,50 M.	197,— M. = 0,282 M/t

Übertrag:	99,50 M.	197,— M.	= 0,282 M/t
10 Arbeiter zum Abbunken und Grabenziehen je 4,— M.	40,— M.		
10 Arbeiter zum Ebnen des Trockenfeldes je 4,— M.	40,— M.		
5 Vorarbeiter für Gleislegen je 4,50 M.	22,50 M.		
10 Gleisleger je 4,— M. . .	40,— M.		
15 Frauen zum Holzabfangen am Mischer je 2,50 M. .	37,50 M.		
Förderlöhne für jede Schicht mit 56 Mann und 15 Frauen	279,50 M.		
3 Schichten: 168 Mann und 45 Frauen		838,50 M.	= 1,198 M/t

Trocknen:

(5 Maschinen liefern täglich $5 \times 20 \times 20\,000 = 2\,000\,000$ Soden.)			
150 Frauen für Wenden je 2,50 M.	375,— M.		
130 Frauen für Häufeln je 2,50 M.	325,— M.		
80 Frauen für Beladen je 2,50 M.	200,— M.		
3 Aufseher je 4,50 M. . .	13,50 M.		
Trockenlöhne, täglich für 3 Mann und 360 Frauen		913,50 M.	= 1,305 M/t

Transport und Allgemeines:

Jede Schicht:			
5 Vorarbeiter für Elevator je 4,50 M.	22,50 M.		
5 Helfer je 4,— M. . . .	20,— M.		
1 Zugfahrer	5,— M.		
1 Zughelfer	4,— M.		
1 Maschinenmonteur . . .	5,— M.		
1 Maschinenschlosser . . .	4,50 M.		
1 Mann für Kantine . . .	4,— M.		
Übertrag:	65,— M.	1949,— M.	= 2,785 M/t

Übertrag:	65,— M.	1949,— M.	= 2 785 M/t
4 Frauen für Kantine je 2,50 M.	10,— M.		
jede Schicht mit 15 Mann, 4 Frauen.	75,— M.		
3 Schichten: 45 Mann und 12 Frauen	225,— M.		
ferner:			
1 Elektromonteur	5,— M.		
1 Hilfsmonteur	4,50 M.		
2 Arbeiter je 4,— M. . .	8,— M.		
Löhne für Transport und Allgemeines bei 49 Mann und 12 Frauen		242,50 M.	= 0,347 M/t
Betriebskosten täglich . .		2 191,50 M.	= 3,132 M/t
im Jahre (120 Tage)		262 980,— M.	

b) Allgemeine Kosten.

Verwaltung (anteilig)	10 000,— M.		
Verzinsung und Abschreibung der Anlagekosten (erhöhte Abschreibung wegen erhöhter Abnutzung) 14 % von 890 000,— M.	124 600,— M.		
Reparaturen, 3 % von 890 000,— M.	26 700,— M.		
Öl, Riemen, Kohlenstifte, Kleinmaterialien und Steuern	3 600,— M.		
Versicherungsbeiträge	4 400,— M.		
Verzinsung des Betriebskapitals (vgl. unten), (Gesamte Löhne und Unkosten für 3 Monate auf 3 Monate mit 5 %)	3 000,— M.		
Verzinsung und Abschreibung der Bauzinsen, der Gründungs- und Emissionskosten (12 % von 59 400 M.) (vgl. unten)	7 130,— M.		
Unvorhergesehenes	7 370,— M.		
		186 800,— M.	= 2,225 M/t
gesamte Gewinnungskosten für lufttrockenen Torf		449 780,— M.	= 5,355 M/t,

die Gestehungskosten betragen somit bei einer jährlichen Förderung von 84 000 t = 5,36 M/t lufttrockener Torf.

III. Anlagekapital.

Anlagekosten	890 000,—	M.
Betriebskapital	237 000,—	M.
Bauzinsen, Gründungs- und Emissionskosten (etwa 5% des Anlagekapitals)	59 400,—	M.
Anlagekapital	1 187 000,—	M.

2. Anlage mit Löffelbaggern großer Leistung.

Zunächst werde ein großer Löffelbaggertyp angenommen, und zwar einer der größten Typen, wie sie z. B. von der Firma Menck & Hambrock, Altona[1]) gebaut werden. Wirkliche durchschnittliche Stundenleistung 180 cbm, das sind 3600 cbm/tg = 3600 t/tg Rohmoor, oder 720 t/tg lufttrockener Torf; bei 12,5% Verlust 630 t/tg lufttrockener Torf. Auch hier werde — um einen guten Vergleich zu ermöglichen — eine Anlage mit 5 Baggern angenommen; damit ergibt sich eine Gesamtförderung an lufttrockenem Torf von **3150** t/tg oder 378 000 t/Jahr.

I. Anlagekosten.

5 Löffelbagger je 52 500,— M.	262 500,—	M.
6 Hubmotoren 155 PS (130 kW) mit Zubehör je 8000,— M.	48 000,—	M.
6 Vorschubmotoren 58 PS (50 kW) je 4500,— M.	27 000,—	M.
5 Sodenbrecher mit Motor je 15 000,— M.	75 000,—	M.
40 km Gleis mit Fahrleitung je 2500,— M.	1 000 000,—	M.
10 km Hochspannungsleitung je 5500,— M.	55 000,—	M.
20 km Arbeitsleitung je 3000,— M.	60 000,—	M.
2 fahrbare Transformatorstationen für Kraft je 15 000,— M.	30 000,—	M.
1 dgl. für Bahn	10 000,—	M.
5 Mischmaschinen mit Transportvorrichtung je 30 000,— M.	150 000,—	M.
2 Bunkbagger je 30 000,— M.	60 000,—	M.
4 Vierwagenzüge je 80 000,— M.	320 000,—	M.
3 Transportbänder mit Elevatoren je 15 000,— M.	45 000,—	M.
2 Plattformwagen je 20 000,— M.	40 000,—	M.
1 Arbeiterzug (Triebwagen mit 2 Anhängern)	52 000,—	M.
Übertrag:	2 234 500,—	M.

[1]) E. Link, Erdbau. Berlin 1912.

Übertrag:	2 234 500,— M.
Beleuchtungsanlage	200 000,— M.
Fracht und Anfuhr	60 000,— M.
Aufstellung der Maschinen	30 000,— M.
Unterkunftsräume, Kantine usw.	100 000,— M.
Reserveteile, Verschiedenes (5% der Summe)	135 500,— M.
Anlagekosten	2 760 000,— M.

II. Laufende Ausgaben.

a) Betriebskosten
täglich (für 3150 t lufttrockenen Torf).

Elektrische Arbeit:

Fördern 5 × 180 kW × 20 st = 18000 kWst je 0,03 M.	540,— M.	
Mischer, Ableger und Sodenbrecher 5 × 80 kW × 20 st = 8000 kWst je 0,03 M.	240,— M.	
Bunkbagger 2 × 50 kW × 20 st = 2000 kWst je 0,03 M.	60,— M.	
Bahnen, Elevatoren usw. 5000 kWst je 0,03 M.	150,— M.	
Licht 800 kWst je 0,10 M.	80,— M.	
elektrische Arbeit		1 070,— M. = 0,340 M/t

Löhne:

Fördern:

für jede Schicht		
1 Obermeister	10,— M.	
5 Baggerführer je 5,— M.	25,— M.	
5 Hilfsmaschinisten am Bagger je 4,50	22,50 M.	
5 Arbeiter am Bagger je 4,— M.	20,— M.	
10 Arbeiter an der Mischmaschine je 4,— M.	40,— M.	
10 Arbeiter am Ableger je 4,— M.	40,— M.	
6 Arbeiter am Brecher je 4,— M.	24,— M.	
2 Maschinisten am Bunkbagger je 5,— M. . . .	10,— M.	
Übertrag:	191,50 M.	1 070,— M. = 0,340 M/t

Übertrag:	191,50 M.	1 070,— M. = 0,340 M/t
4 Arbeiter am Bunkbagger je 4,— M.	16,— M.	
30 Arbeiter für Ebnen des Trockenfeldes je 4,— M.	120,— M.	
5 Vorarbeiter für Gleislegen je 4,50 M. . . .	22,50 M.	
60 Gleisleger je 4,— M.	240,— M.	
15 Frauen zum Holzabfangen am Mischer je 2,50 M.	37,50 M.	
20 Arbeiter zum Reinigen der Entwässerungsgräben je 4,— M. . .	80,— M.	
10 Helfer je 4,— M. . .	40,— M.	
Förderlöhne für jede Schicht mit 173 Mann und 15 Frauen	747,50 M.	
3 Schichten: 519 Mann und 45 Frauen		2 242,50 M. = 0,712 M/t

Trocknen

(Lieferung 5×20×90 000 = 9 000 000 Soden):

675 Frauen für Wenden je 2,50 M.	1 687,50 M.	
575 Frauen für Häufeln je 2,50 M.	1 437,50 M.	
360 Frauen für Beladen je 2,50 M.	900,— M.	
9 Aufseher je 4,50 M. .	40,50 M.	
Trockenlöhne für 9 Mann und 1610 Frauen . . .		4 065,50 M. = 1,290 M/t

Transport und Allgemeines:

für jede Schicht:

5 Vorarbeiter für Elevatoren je 4,50 M. . . .	22,50 M.	
10 Helfer je 4,— M. . . .	40,— M.	
4 Zugfahrer je 5,— M. .	20,— M.	
4 Zughelfer je 4,— M. .	16,— M.	
8 Gleisrücker je 4,— M. .	32,— M.	
Übertrag:	130,50 M.	7 378,— M. = 2,342 M/t

Übertrag:	150,50 M	7 378,— M.	= 2,342 M/t
2 Maschinenmonteure je 5,— M.	10,— M.		
4 Maschinenschlosser je 4,50 M.	18,— M.		
2 Mann für Kantine je 4,50 M.	9,— M.		
16 Frauen für Kantine je 2,50 M.	40,— M.		
1 Elektromonteur je 5,—M.	5,— M.		
1 Hilfsmonteur je 4,50 M.	4,50 M.		
2 Arbeiter je 4,— M. . .	8,— M.		
Löhne für Transport und Allgemeines je Schicht für 43 Mann und 16 Frauen.	225,— M.		
3 Schichten: 129 Mann und 48 Frauen		675,— M.	= 0,214 M/t
Betriebskosten täglich		8 053,— M.	= 2,556 M/t

b) Allgemeine Unkosten.

Verwaltung (anteilig)	32 000,— M.	
Kapitaldienst: 14% von 2 760 000,— M. .	386 500,— M.	
Reparaturen: 3% von 2 760 000,— M. . .	82 800,— M.	
Öl, Riemen, Kleinmaterialien, Steuern . .	11 000,— M.	
Versicherungsbeiträge	16 000,— M.	
Verzinsung des Betriebskapitals (vgl. unten)	10 800,— M.	
Verzinsung und Abschreibung der Bauzinsen, der Gründungs- und Emissionskosten (12% von 190 000,— M.) (vgl. unten)	22 800,— M.	
Unvorhergesehenes	26 000,— M.	
zusammen jährlich	587 900,— M.	= 1,564 M/t
gesamte Gewinnungskosten für lufttrockenen Torf		4,12 M/t

III. Anlagekapital.

Anlagekosten	2 760 000,— M.
Betriebskapital	858 000,— M.
Bauzinsen, Gründungs- und Emissionskosten	190 000,— M.
Anlagekapital	3 808 000,— M.

3. Anlage mit Löffelbaggern kleiner Leistung.

Zum Vergleich werde auch noch eine kleine Anlage mit Löffelbaggern kleinerer Type durchgerechnet.

Wirkliche durchschnittliche Stundenleistung 100 cbm, das sind 2000 cbm/tg = 2000 t/tg Rohmoor; Leistung der Anlage je Bagger 400 t/tg lufttrockenen Torf, bei 12,5% Verlust 350 t/tg lufttrockenen Torf, bei 5 Baggern 1750 t/tg lufttrockenen Torf und 210000 t/Jahr.

I. Anlagekosten 1720000 M.

II. Laufende Ausgaben.

a) Betriebskosten
täglich (für 1750 t lufttrockenen Torf):

Elektrische Arbeit	585,— M.	= 0,334 M/t
Fördern (369 Mann und 45 Frauen) . . .	1 642,50 M.	= 0;940 M/t
Trocknen (6 Mann, 900 Frauen)	2 277,— M.	= 1,298 M/t
Transport und Allgemeines (82 Mann, 30 Frauen)	430,50 M.	= 0,246 M/t
tägliche Betriebskosten	4 935,— M.	= 2,818 M/t

b) Allgemeine Unkosten.

Jährlich	366 700,— M.	= 1,747 M/t
Gestehungskosten für lufttrockenen Torf		4,565 M/t

III. Anlagekapital 2364000,— M.

4. Anlage mit nur zwei Löffelbaggern großer Leistung.

Zur Prüfung, wie weit die Anzahl der Bagger-Einheiten von Einfluß auf die Gestehungskosten für den Torf ist, sei eine Anlage mit nur 2 großen Löffelbaggern durchgerechnet.

Leistung: $2 \times 3600 = 7200$ cbm/tg Moor,
$2 \times 630 = 1260$ t/tg lufttrockenen Torf,
das sind 151 200 t/Jahr „

I. Anlagekosten 1 239 000,— M.

II. Laufende Ausgaben, täglich.

a) Betriebskosten.

Elektrische Arbeit	458,— M.	= 0,364 M/t
Fördern	924,— M.	= 0,732 M/t
Trocknen	1 637,— M.	= 1,298 M/t
Transport und Allgemeines . .	334,— M.	= 0,265 M/t
tägliche Betriebskosten	3 353,— M.	= 2,659 M/t

b) Allgemeine Unkosten (jährlich)

266 000,— M. = 1,751 M/t

Gestehungskosten für lufttrockenen Torf 4,41 M/t

III. Anlagekapital 1 684 600,— M.

Mit den berechneten Werten, die man in entsprechender Weise auch für Anlagen anderer Größe ermitteln kann, ergeben sich die Kosten des Torfes bei verschiedener Tagesförderung in Anlagen mit gleicher Maschinenzahl verschiedener Leistung (Abb. 1). Ferner zeigt sich, wie erwartet, daß man mit wenigen Maschinen großer Leistung billiger fördert, als mit vielen kleiner Leistung. Doch wird man schon der Sicherheit des Betriebes wegen wohl kaum mit viel weniger als 5 Maschinen arbeiten.

Für die spätere Rechnung werden die Werte für die Torf-Gestehungskosten bei verschiedener täglicher Förderung den in Abb. 1 gegebenen Kostenkurven für Anlagen mit 5 Maschinen entnommen; in derselben Abbildung sind auch die Werte für den Wärmepreis (Heizwert vergl. unten) eingezeichnet. Anlagekosten, Anlagekapital, gebrauchte Menschenzahl sind für verschiedene Tagesförderung in Abb. 2 dargestellt.

Die Hauptschwierigkeiten werden praktisch dadurch entstehen, daß für den Trockenprozeß eine so große Zahl von Frauen gebraucht werden, und zwar zu einer Jahreszeit, in der gleichzeitig eine starke Nachfrage nach Arbeitskräften in der Landwirtschaft ist. Die Zahl der beschäftigten Frauen ist fast dreimal so groß, wie die aller Männer. Dabei betragen die Kosten für den Trockenprozeß ausschließlich des Anteils an den allgemeinen Unkosten 1,290 bis 1,305 M/t, das ist bis zu 30 vH der gesamten Gestehungskosten.

Es soll nun untersucht werden, wie sich der Trockenprozeß bei Anwendung der oben (S. 10) erwähnten Hilfsmaschinen in der durchgerechneten großen Anlage (3150 t lufttrockenen Torf täglich) gestalten würde.

Vorweg ist zu erwähnen, daß bei Anwendung dieser Maschinen die Sodenstränge in etwas weiterem Abstand nebeneinander abgelegt werden müßten, als bisher; dies bedingt einen noch etwas größeren Trockenplatz (statt 1,5 ha sei mit etwa 1,7 ha je 1000 cbm Rohmoor = 500000 Soden gerechnet; in Wirklichkeit wird man mit etwas weniger Raum auskommen).

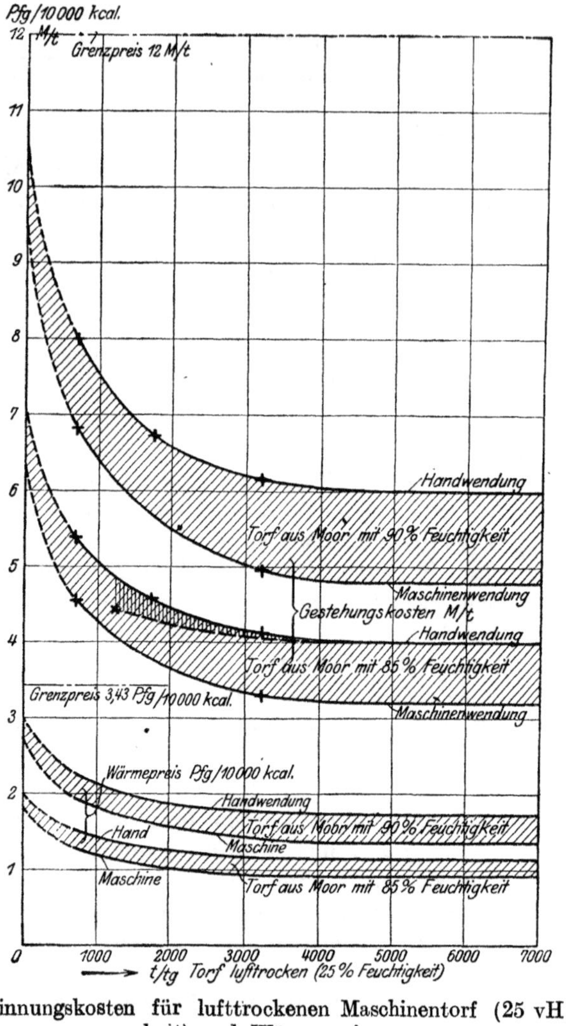

Abb. 1. Gewinnungskosten für lufttrockenen Maschinentorf (25 vH Feuchtigkeit) und Wärmepreis.

Bei der für landwirtschaftliche Maschinen üblichen mittleren Arbeitsbreite von 2,6 m und einer Vorrückgeschwindigkeit von 1,5 m/sec[1])

[1]) Die Vorrückgeschwindigkeit von elektrischen Pflügen beträgt 1,8 m/sec bei Schälfurchen von 7 Zoll Tiefe.

ergibt sich eine Leistung von etwa 0,75 ha/st; hierbei sind alle Nebenverrichtungen nach den beim elektrischen Pflügen im Dauerbetriebe festgestellten Zeiten berücksichtigt[1]).

Die täglich geförderten 5×3600 t = 18 000 t Rohtorf ergeben (ohne Abzug von Verlusten, die ja größtenteils erst bei den späteren

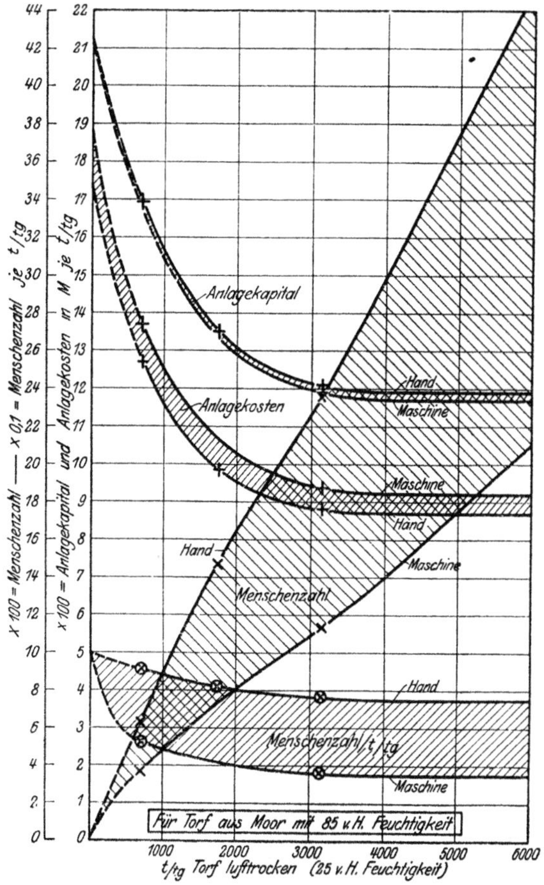

Abb. 2. Anlagekosten und Anlagekapital für Torfgewinnungsanlagen; Zahl der hierbei gebrauchten Arbeitskräfte (Lufttrocknung).

Arbeitsvorgängen eintreten) 9 000 000 Soden auf einem Trockenfeld von etwa 30 ha; sie können mit 3 Maschinen in 2 Schichten insgesamt (40 Arbeitsstunden) einmal bearbeitet, d. h. gewendet oder gehäufelt, werden.

[1]) Für das eigentliche Arbeiten sind danach nur 58% der gesamten Zeit in Ansatz gebracht.

Die Kosten für Wenden und Häufeln betragen danach:

I. Anlagekosten.

3 Maschinen für Wenden, einschließlich sämtlichem Zubehör (einschließlich eines Zuschlages von 15% für die Entwicklungskosten) je 30 000,— M.	90 000,— M.
3 Maschinen wie vor. für Häufeln	90 000,— M.
Anlagekosten	180 000,— M.

II. Laufende Ausgaben.

a) Betriebskosten, täglich (3150 t lufttrockenen Torf).

Elektrische Arbeit:

14 st × 40 kW für 3 Maschinen × 2 (Wenden und Häufeln) = 2 × 1680 kWst je 0,03 M. = 100,80 M. = 0,032 M/t

Löhne

je Schicht und Arbeitsgang (2 Schichten und 2 Arbeitsgänge = Wenden und Häufeln):

3 Maschinisten je 5,— M.	15,— M.
3 Hilfsmaschinisten je 4,50 M.	13,50 M.
3 „Pflüger“ je 4,50 M.	13,50 M.
9 Arbeiter je 4,— M.	36,— M.
18 Arbeiter	78,— M.

zusammen 2 × 2 × 18 = 72 Arbeiter	312,— M.	= 0,0992 M/t
Betriebskosten (täglich)	412,80 M.	= 0,1312 M/t

b) Allgemeine Unkosten.

Verzinsung und Amortisation (14% von 180 000,— M.)	25 200,— M.	
Reparatur (3% von 180 000,— M.)	5 400,— M.	
Öl, Kleinmaterialien usw.	800,— M.	
Verzinsung des Betriebskapitals (vgl. unten)	400,— M.	
Verzinsung der Gründungs- und Emissionskosten (vgl. unten)	1 359,— M.	
Verschiedenes	1 600,— M.	
	34 750,— M.	= 0,092 M/t
Gesamte Kosten für Wenden und Häufeln		0,223 M/t

III. Anlagekapital.

Anlagekosten	180 000,— M.
Betriebskapital	31 800,— M.
Gründungs- und Emissionskosten	11 200,— M.
Anlagekapital	223 000,— M.

Dazu kommen die Kosten für das Beladen mit 0,291 M/t; die gesamten „Trockenkosten“ vermindern sich also auf 0,514 M/t gegen 1,290 M/t. Die Torfkosten vermindern sich damit von 4,12 auf 3,334 M/t. Dabei ist noch nicht berücksichtigt, daß infolge des um rund 1250 Köpfe verminderten Personals die allgemeinen Unkosten durch Verminderung der Kassenbeiträge kleiner werden; auch das Betriebskapital sowie die Gründungs- und Emissionskosten werden kleiner, so daß die wirklichen Kosten, nach oben abgerundet, nur etwa **3,30 M/t** betragen; die Kosten haben sich also um etwa 20% vermindert.

Bei der zuerst berechneten Anlage für 700 t lufttrockenen Torf ist für die täglich geförderten 2 000 000 Soden ein Trockenfeld von 6,7 ha erforderlich, die bei 9-stündiger Arbeitszeit (Zehn-Stundenschicht, unter Einrechnung der Pause) von einer Maschine bearbeitet werden können. Die Löhne sind für die längere Schicht verhältnismäßig zu erhöhen.

I. Anlagekosten 60 000,— M.

II. Laufende Ausgaben.

a) Betriebskosten
täglich (700 t)

elektrische Arbeit	24,— M.	= 0,0343 M/t
Löhne (12 Mann)	45,40 M.	= 0,065 M/t
Betriebskosten	69,40 M.	= 0,0993 M/t

b) Allgemeine Kosten

	11 570,— M.	= 0,1377 M/t
Gesamte Kosten für Wenden und Häufeln		0,2370 M/t
Hierzu die Kosten für Beladen		0,2930 M/t
Kosten für das gesamte Trocknen		0,5300 M/t

gegen 1,305 M/t bei Handarbeit. (Die absolute Ersparnis ist also in den beiden berechneten Fällen gleich.) — Anlagekapital 74 300 M. — Der Torf kostet statt 5,36 M. nur 4,585 M/t. Die Menschenzahl beträgt statt 280 Frauen nur 12 Männer. Dadurch verringern sich die Kassenbeiträge, das Betriebskapital und die Gründungs- und Emissionskosten und damit wieder die Torfkosten, diese auf 4,55 M/t; d. h. die gesamte Ersparnis beträgt etwa 15 vH.

Die Torfgestehungskosten, die sich bei solcher „Maschinenwendung“ ergeben, sind ebenfalls in Abb. 1 für verschiedene tägliche Fördermengen eingetragen, ebenso die betreffenden Wärmepreise.

Es ist noch einmal besonders hervorzuheben, daß sich die hier berechneten Erzeugungskosten, die — auch im Vergleich mit den bisher bekanntgegebenen Zahlen aus arbeitenden Betrieben — tatsächlich im praktischen Dauerbetrieb gut erreichbare Werte darstellen, auf Torf aus einem Moor beziehen, das eine durchschnittliche Feuchtigkeit von 85% hat. Auch dies ist ein gut erreichbarer mittlerer Wert. — Doch muß hier nochmals darauf hingewiesen werden, daß jedes Prozent an mittlerer Moor-Feuchtigkeit mehr oder weniger von sehr erheblichem Einfluß auf die Erzeugungskosten ist. Bei einem Moor von beispielsweise 90% mittlerer Feuchtigkeit bekommt man — bei dem ersten Beispiel — anstatt 160 t, nämlich nur 107 t lufttrockenen Torf mit 25% Feuchtigkeit. Da alle Kosten die gleichen bleiben, steigen somit die Gestehungskosten von 5,36 M/t auf 8,— M/t.

Da man bei der Entwässerung des Moores, bei der Aushebung der Kanäle, während der ersten Jahre auf Torf aus weniger gut entwässertem Moor angewiesen ist, muß man damit rechnen, während dieser Zeit nicht unerheblich teureres Material zu verarbeiten.

Zur Verkürzung der Trockenzeit und damit zur Verkleinerung des jetzt noch erforderlichen sehr großen Trockenfeldes wäre zu versuchen, die „rissefreie Schnelltrocknung“ nach C. Schlickeysen (vgl. S. 9) durchgängig anzuwenden (d. h. nicht nur zum Schluß der Kampagne, wie früher, S. 11, angenommen), und dabei als Zusatz zum Rohtorf Krümmeltorf zu verwenden, der durch Einwirkung des Frostes während des Winters gewonnen wurde.

2. Eigenschaften des Torfes.

Die Eigenschaften des Torfes sollen hier nur für den technisch heute in erster Reihe in Betracht kommenden luftgetrockneten Maschinentorf aufgeführt werden, und zwar auch nur soweit, wie sie vorwiegend für seine technische Verwertung von Bedeutung sind.

a) Physikalische Eigenschaften. Für die Erzeugung eines guten Maschinentorfes ist es von größter Wichtigkeit, daß die Mischmaschine (Knetmaschine) hohe Zerreiß-, Misch- und Knetwirkungen hervorbringt. Je besser diese Wirkungen sind, desto gleichmäßiger und fester ist der mit der Maschine erzeugte Torf, d. h. desto größer ist sein Nutzwert für die Raumeinheit.

Nach Hausding[1]) ist der lufttrockene Maschinentorf so dicht und fest, daß man ein Stück davon kaum noch mit den Händen zu zerbrechen vermag und, um es zu zerkleinern, schon eines schweren Werkzeuges bedarf; es hält selbst schwer, mit einem Messer kleinere Stücke davon abzuschneiden. Auch färbt seine Oberfläche, selbst bevor er völlig lufttrocken ist, beim Anfassen mit der Hand nicht ab; er ist also als ein sehr „sauberes" Material anzusehen. Schnitte mit Messer oder Säge geben glatte, wachsglänzende Schnittflächen.

Die Farbe des Torfes ist braun, braunschwarz bis schwarz.

1 cbm Rohtorf ergibt 0,7 bis 0,8 cbm frischen Maschinentorf, der nach guter Lufttrocknung auf 0,15 bis 0,20 cbm schwindet und, in Soden zusammengesetzt, 0,20 bis 0,30 Raummeter lufttrockenen Torf gibt.

Die Dichte (spezifisches Gewicht) des Maschinentorfes schwankt je nach der Art verarbeiteten Rohtorfes; sie beträgt im Mittel zwischen 0,8 bis 1,2 (auch 1,3)[2]). Zum Vergleich sei angeführt, daß die Dichte der Braunkohle 1,2 bis 1,3, die der Steinkohle 1,25 bis 1,35 beträgt.

Über den Feuchtigkeitsgehalt und die Wasseraufnahme im Regen ist bereits oben (S. 9 und S. 12) das Nötige gesagt.

Das Wärmeleitvermögen ist sehr klein.

Wie erwähnt (S. 6), ist das eigentliche Torflager im Hochmoor bedeckt mit einer mehr oder weniger mächtigen Schicht von noch nicht zersetztem, „jüngerem" Torf, meist Moostorf, Wollgras-, auch Heidetorf. Diese Torfschicht kommt weder für die Verarbeitung als Maschinentorf noch für die Verwendung in Kraftwerken oder Nebenproduktenanlagen in Frage. Da sie aber nach anderer Richtung von hoher Bedeutung ist, sei hierzu noch folgendes erwähnt. Der Moostorf hat ein lockeres Gefüge, in dem die Pflanzenteile noch als feste, zusammenhängende Gebilde ohne weiteres hervortreten. Aus diesen Teilen lassen sich lange Bastfasern gewinnen; auch haben sie in ihren noch unzerstörten Zellverbänden die alte Kapillarkraft bewahrt. Getrocknet und in kurze Fasern zerrissen (Torfstreu, Torfmull), besitzen sie ein außerordentlich hohes Aufsaugevermögen. — Zu bemerken ist nebenbei, daß bei der Gewinnung dieser Art von Torf für die angedeuteten Zwecke die Wirkung des Frostes auf den noch nicht genügend entwässerten Torf eher nützlich als schädlich ist, da hier die Absicht besteht, den kolloïdalen Zustand der Masse zwischen den Pflanzenfasern möglichst zu zerstören. Hier kann der Torf also bereits im frühen Frühjahr oder noch im späten Herbst gewonnen werden.

b) Chemische Eigenschaften. Die chemische Zusammensetzung des Torfes ist verschieden, je nach seiner Art, d. h. je nach Art der an seiner Bildung beteiligten Pflanzen, und je nach dem Grade von deren

---

[1]) Hausding, a. a. O. S. 248.

[2]) Hausding, a. a. O. S. 254 und S. 324.

Zersetzung. Vom Standpunkt des Chemikers betrachtet, ist der Torf ein Gemenge von organischer Pflanzensubstanz in verschiedenen Graden der Zersetzung, vermischt mit größeren oder geringeren Mengen anorganischer Stoffe. Diese rühren zum Teil bereits von den Pflanzen her, der Rest ist auf chemische Beimengungen zurückzuführen[1]).

Der Torf besteht, wie die anderen festen Brennstoffe, aus einer großen Zahl hochmolekularer Verbindungen, insbesondere Humuskohle und Humussäure, die einen charakteristischen Bestandteil des Torfes bilden, ferner Erdharz, Wachs, Harz, verschiedene organische Säuren usw.; sie bilden den eigentlichen brennbaren Gehalt, den „Reintorf", haben aber in der Gestalt der genannten Verbindungen selbst bisher keine besondere technische Bedeutung. Weiter sind im Torf enthalten Feuchtigkeitswasser und Asche. Über den Gehalt an Feuchtigkeitswasser ist bereits gesprochen worden; er hängt von dem Grade der Trocknung bei der Herstellung des Torfes ab, und kann bei einer Temperatur von 100—110^0 auf Null gebracht werden. Die dabei erhaltene Masse wird als Trockentorf („Torfmasse", „Trockenmasse") bezeichnet.

Der Gehalt des Torfes an Asche, d. h. an unverbrennbaren Bestandteilen, schwankt in den weiten Grenzen von 0,5 bis etwa 50 vH der Trockenmasse. Er ist bei Torf aus verschiedenen Schichten desselben Moores verschieden, und zwar nimmt er gewöhnlich durch natürliche Anreicherung infolge weiter vorgeschrittener Zersetzung der Torfsubstanz mit der Tiefe zu; die untersten Schichten sind jedoch meist schon sehr stark mit dem mineralischen Untergrund des Moores vermischt, der zum Teil auch durch den Grundwasserstrom eingeschlämmt ist[2]). — Torfe mit weniger als 5$^0/_0$ Asche werden als aschenarme, solche bis 10$^0/_0$ als Torfe mit mittlerem Aschengehalt, solche mit mehr als 10$^0/_0$ als aschenreiche Torfe bezeichnet. Ein Torf mit über 25$^0/_0$ Aschengehalt ist als Brennstoff nicht mehr gut zu verwerten[3]). Die Hochmoortorfe gehören in der Regel zu den aschenarmen.

Als wertvollste Torfbestandteile, die in die Asche übergehen, sind Kali, Phosphorsäure und Kalk anzusehen. Ihren Anteil beim Aufbau des Torfes hat Fleischer in folgenden Zahlen, die sich auf „Trockentorf" beziehen, berechnet. Die Moormasse der Oberflächenschicht enthält:

	beim Hochmoor	Übergangsmoor	Niederungsmoor
an Kali	0,03—0,05	0,10	0,10$^0/_0$
an Phosphorsäure	0,05—0,10	0,20	0,25$^0/_0$
an Kalk	0,25—0,35	1,00	4,—$^0/_0$

Kennzeichnend ist die Verschiedenheit im Kalkgehalt, der wichtig für die Art der landwirtschaftlichen Bodenbearbeitung ist.

[1]) Hoering, a. a. O. S. 189; dort auch Ausführlicheres über die Chemie des Torfes.

[2]) Hoering, a. a. O. S. 192.

[3]) Hausding, a. a. O. S. 23.

Über die weitere Zusammensetzung der Torfasche wird unten m Zusammenhang mit den Torfverfeuerungen, bei denen sie ja anfällt, u reden sein.

Der vom Wasser befreite und ohne die als Fremdkörper anzuehenden Aschebeimengungen gedachte Torf, der „Reintorf", hat ine elementare chemische Zusammensetzung, die, so verschieden die inzelnen Moorarten auch voneinander sind, und so zahlreiche Varietäten ich aus ihrer verschiedenen molekularen Struktur ergeben, — doch ur geringen Schwankungen unterworfen ist; in dieser Hinsicht weisen elbst Hochmoor- und Niedermoortorfe keine großen Verschiedenheiten uf. Aus den sehr zahlreichen Untersuchungen ergibt sich ein Gehalt les Reintorfes von 55 bis $60\,^0/_0$ Kohlenstoff, 39 bis $34\,^0/_0$ Sauerstoff ind 5 bis $6\,^0/_0$ Wasserstoff[1]). Der Torf reiht sich damit sehr gut den anderen esten Brennstoffen ein, in deren Folge er eine Stellung zwischen Holz ind Lignit (bzw. Braunkohle) einnimmt, sowie es auch sein Ursprung ind sein geologisches Alter erwarten lassen[2]).

Zu den genannten chemischen Elementen, die beim Aufbau der Substanz des Reintorfes beteiligt sind, kommt noch ein kleiner, aber ür die landwirtschaftliche Nutzung der Moore, auch für die technische Verwertung des Torfes, wichtiger Gehalt an Stickstoff. Hier untercheiden sich die verschiedenen Moorarten jedoch; und zwar ist z. B. ler Stickstoffgehalt gemessen worden[3]): bei Hochmooren 0,69 bis $1{,}36\,^0/_0$, bei einem Übergangsmoor $1{,}56\,^0/_0$ und bei Niederungsmooren 2,04 bis $3{,}9\,^0/_0$ umgerechnet auf Reintorf). Nach den von Fleischer berechneten Durchschnittszahlen enthält Trockentorf (also ohne Abzug der Asche) aus der Oberflächenschicht von Hochmooren 0,80 bis $1{,}20\,^0/_0$, us Übergangsmoor $2\,^0/_0$, aus Niederungsmoor 2,50 bis $4\,^0/_0$ Stickstoff. Nach zahlreichen anderen Untersuchungen ist ein Stickstoffgehalt von ,6 bis $1{,}8\,^0/_0$ bezogen auf Trockentorf (also einschließlich Asche) auch bei Hochmooren als durchschnittlich anzusehen. — Im vorliegenden Zusammenhange kommen (aus den oben dargelegten Gründen) zunächst ur die Hochmoortorfe in Betracht; ihr Gehalt an Stickstoff kann nach Vorstehendem auf 0,8 bis $1{,}2\,^0/_0$, im Mittel auf $1\,^0/_0$, für luftrockenen Torf mit $25\,^0/_0$ Feuchtigkeit geschätzt werden. Obgleich er lso sehr erheblich geringer ist, als der anderer Torfarten, entspricht r jedoch etwa dem der meisten deutschen Steinkohlen und übertrifft len der Mitteldeutschen Braunkohlen nicht unerheblich.

Der Schwefelsäuregehalt der Hochmoortorfe ist sehr gering, $/_3$ bis $^1/_2\,^0/_0$, jener der Niederungsmoore etwas höher, 1 bis $1{,}5\,^0/_0$.

---

[1]) Hausding, a. a. O. S. 21 und 22.

[2]) Kuckuck, Unsere Kohlen. Leipzig 1913; — und: Kutzbach, Die Verasung der Brennstoffe in Generatoren, insbesondere für Kraftbetriebe. Zeitchrift des Vereins deutscher Ingenieure 1905, S. 233.

[3]) Tacke, Mitteilungen des Vereins zur Förderung der Moorkultur im Deutschen Reiche 1904, S. 136/37.

Bemerkenswert ist das Ammoniak-Bindevermögen des Torfes (bis 2,5%), sowie seine Eigenschaften, auch andere Riech- oder Stinkstoffe festzuhalten, sowie tötend auf Krankheitskeime zu wirken.

3. Verwertungsmöglichkeiten.

Aus den Eigenschaften des Torfes ergeben sich die Möglichkeiten für seine Verwertung. Diese sollen hier nur soweit Erwähnung finden, wie ihre technische Verwertbarkeit im großen Maßstabe wirtschaftliche Erfolge bisher bereits gebracht hat oder in naher Zukunft zu bringen verspricht, und soweit sie sich insbesondere als Nebenbetriebe bei Torfkraftwerken möglicherweise entwickeln könnten.

Die Faser der noch wenig zersetzten oberen Schichten der Hochmoore (siehe S. 29) (Schichten von weniger zersetztem Wollgrastorf kommen bisweilen auch noch in größeren Tiefen vor) ist vielfach als Spinnstoff zu gebrauchen versucht worden. Diese Versuche, die im übrigen bereits seit längerer Zeit technisch glänzend gelöst sind, haben bei der besonderen Lage des deutschen Rohstoffmarktes im Kriege auch wirtschaftlich befriedigt. Wie weit das auch bei offenem Weltmarkt der Fall sein kann, steht dahin. Keinesfalls wird die aus dem Torf gewonnene Faser dauernd ein vollwertiger Ersatz für andere Faserarten sein können; dazu ist sie — im Verhältnis zum Bedarf — doch nur in zu beschränkten Mengen gewinnbar und — was die Hauptsache ist — sie wächst nicht nach, im Gegensatz zu den anderen Spinnmaterialien. Es ist allerdings schon wertvoll, daß sie uns im Kriege und in der Übergangswirtschaft hilft, und daß sie auch darüber hinaus ein gutes Streckmittel für die eingeführten Textilrohstoffe zu werden verspricht.

Auch zur Herstellung von Papier und Pappe werden die Fasern benutzt; dauernde wirtschaftliche Erfolge scheinen damit aber noch nicht erreicht zu sein.

Die Verwertung der Torffasern zur Herstellung von Torfstreu und Torfmull wurde bereits oben (S. 29) gestreift. Erhöht wird der Verwendungsbereich noch durch die vorerwähnte Aufnahmefähigkeit für Stickstoff und übelriechende Stoffe, sowie durch das Desinfektionsvermögen des Torfes. — Zu erwähnen ist hier auch die Verwendung der mit Stalldung vollgesogenen Torfstreu als Dünger und der Zusatz von Torfmull zum Melassefutter. Auch für eine große Reihe anderer Zwecke werden diese Stoffe wegen ihrer vorzüglichen Eigenschaften benutzt. Die Torfstreu- und Torfmullindustrie hat sich bereits zu ziemlicher Bedeutung entwickelt. Sie könnte bei einem Abbau der Moore in großem Maßstabe, neben den Torfkraftwerken angesiedelt, zu sehr erhöhter Wichtigkeit gelangen.

Bei allen diesen Verwendungsarten wird aber in der Hauptsache nur der noch wenig zersetzte Torf der oberen Schichten gebraucht. Doch darf auch diese Schicht, die sogenannte Bunkschicht, nur teilweise für die genannten Zwecke verwertet werden, weil sie sowohl bei der Fehnkultur, wie bei der Hochmoorkultur, wie oben (Seite 6) erwähnt, den eigentlichen „Kulturboden" darstellen, der in gewisser Schichtdicke belassen werden muß. Wo dies nicht geschieht, kann man nur von Raubbau sprechen, dem durch das Moorschutzgesetz vom 4. März 1913 zu begegnen versucht wurde; leider gilt dieses Gesetz bisher nur für einige Provinzen.

Ein rationeller Abbau kann also nur in mehr oder weniger beschränktem Umfange diese Bunkschichten nutzbar machen, die etwa vorhandenen unteren nur in Verbindung mit einem planmäßigen vollständigen Abbau des Torfes, d. h. mit der Verfehnung des Moores.

Als Verwertung des eigentlichen Torfes im großen Maßstabe kann nur seine Verwertung als Brennstoff in Frage kommen, seine chemisch-technische Verarbeitung oder aber eine Verbindung von wärme-technischer und chemisch-technischer Ausnutzung.

III. Torfverfeuerung.

1. Der Torf als Brennstoff.

Für die Beurteilung der festen Brennstoffe ist maßgebend ihre chemische Zusammensetzung — als Hauptsache —, ihre äußere Beschaffenheit und ihr Verhalten im Feuer.

a) Folgen der chemischen Zusammensetzung des Torfes. Die chemische Zusammensetzung und das Verhältnis von Verbrennlichem und Unverbrennlichem ist bereits oben gekennzeichnet. Aus beiden ergeben sich die wichtigen Größen: Heizwert und Hitzegrad, Luftbedarf, Ascheneigenschaften.

Der Heizwert des Torfes läßt sich an Hand der chemischen Elementarzusammensetzung berechnen. Mittels der „Verbandsformel", die nach Minssen[1]) die mit der Wirklichkeit am besten übereinstimmenden Werte gibt, würden sich danach als mittlere Grenzen für Reintorf 4820 und 5380 kcal ergeben. — Jedoch stellte Minssen auch fest, daß sich bei Torf genaue Heizwertbestimmungen nur mittels des Kalorimeters ausführen lassen. Solche Messungen hat Minssen in der Moorversuchsstation zu Bremen bei 51 Torfproben ausgeführt und kommt dabei zu dem Schlusse, daß der Heizwert der besten deutschen Brenntorfe in der aschenfreien Trockenmasse, das ist also als „Reintorf" etwa 5200 kcal (selten mehr), bei Berücksichtigung des Aschegehaltes, das ist als „Trockentorf", im Mittel etwa 5100 kcal, bei einem Feuchtigkeitsgehalt von 20% 4000 kcal betrage. Danach hat Minnssen einen mittleren Aschegehalt von etwa 3% angenommen, wie er als Mittelwert für Hochmoortorfe eingesetzt werden kann. Für lufttrockenen Torf mit 25% Feuchtig-

[1]) Minssen, Mitteilungen des Vereins zur Förderung der Moorkultur im Deutschen Reiche 1907, S. 377.

keitsgehalt und mit 3% Aschengehalt würde somit ein Heizwert von 3660 kcal anzunehmen sein. Da nach allen Untersuchungen Hochmoortorfe, von denen allein zunächst die Rede sein soll, einen höheren Heizwert besitzen, als Niederungstorfe — wie dies auch der gewöhnlichen chemischen Zusammensetzung dieser Torfe entspricht — rechnet man mit einem mittleren Heizwert von 3500 kcal für Hochmoortorf mit 3% mittleren Aschengehalt und mit 25% Feuchtigkeitsgehalt sehr vorsichtig[1]). In der Tat wurde von den Vorstehern namhafter Moorversuchsanstalten auf Grund der Arbeiten Minssens und des sonstigen reichhaltigen Untersuchungsmaterials für guten Torf mit mittlerer Feuchtigkeit ein Heizwert von 3500 bis 4200 angenommen (für lufttrockenen Torf mittlerer Güte 2800 bis 3500, für schlechten Torf 2000 bis 2800 kcal).

Vergleichsweise wird gerechnet für erdige Braunkohle (1500 bis 3400 kcal) mittlerer Beschaffenheit 2800 kcal, für böhmische Braunkohle 4300 bis 5500, für Steinkohle 5500 bis 8100 kcal.

Der Gehalt an Asche und an Feuchtigkeit ist auf den Heizwert von sehr großem Einfluß. Nach Minssen sinkt der Heizwert H_a etwas stärker als proportional dem Aschengehalte a des Trockentorfes, wenn man von dem Heizwert H des Reintorfes ausgeht. Die Messungen bestätigen die Anwendbarkeit der Formel.

$$H_a = \frac{(100 - a)(H - 10a)}{100}$$

Bei Umrechnung des Heizwertes unter Berücksichtigung des Feuchtigkeitsgehaltes ist zu beachten, daß sich bei Anwesenheit von Feuchtigkeitswasser nicht nur die wärmeerzeugende Trockenmasse um gleiche Gewichtsmengen vermindert, sondern daß ein Teil der erzeugten Wärme von dem zu verdampfenden Feuchtigkeitswasser verbraucht, bzw. in dessen latente Verdampfungswärme überführt wird, und zwar etwa 600 kcal für jedes kg Wasser.

Der Hitzegrad wird ebenfalls durch Anwesenheit von Asche und Feuchtigkeitswasser herabgedrückt. Es beträgt nach Hausding[2]) für Torf mit 48% Kohlenstoff und 1,6% freiem Wasserstoff, 30,4% chemisch gebundenem Wasser, 18% Feuchtigkeitswasser und dem recht hohen Aschegehalt von 20% 1850 Grad (rechnungsmäßig). Im Vergleich dazu wird der Hitzegrad bei Verbrennung von Steinkohle mit 2250, von Braunkohle mit 2000 aufgeführt. In Vorfeuerungen, wie sie für Torf in Anwendung kommen (vgl. unten S. 38), erreicht man etwa 75 bis 80 vH dieses berechneten Hitzegrades[3]).

---

[1]) Vgl. auch Kutzbach, a. a. O. — Ferner Baer, Untersuchung einer Torfgasanlage der Görlitzer Maschinenbauanstalt und Eisengießerei A.G. Zeitschrift des Vereins deutscher Ingenieure 1912. S. 561.

[2]) Hausding, a. a. O. S. 324.

[3]) Barth, Die Dampfkessel. Berlin 1916, S. 34.

Die für die Verbrennung des Torfes erforderliche **Luftmenge** ergibt sich zunächst ebenfalls aus seiner chemischen Zusammensetzung. Hausding[1]) berechnet für lufttrockenen Maschinentorf mit 18% Feuchtigkeit eine Verbrennungsluftmenge von 4,532 cbm für 1 kg Torf (mit der in der „Hütte“[2]) angegebenen Gleichung erhält man ähnliche Werte). Die für eine vollkommene Verbrennung wirklich erforderliche Luftmenge muß jedoch als etwa doppelt so groß, d. h. mit rund 9 cbm je 1 kg Torf angenommen werden. — Da die für die Verbrennung von Steinkohle wirklich erforderliche Verbrennungsluftmenge um etwa 70%, die für viele Braunkohlenarten bis zu 25 vH höher ist, ergibt sich schon hieraus, daß die für diese Brennstoffe gebauten Feuerungen nicht ohne weiteres nun auch für Torf geeignet sind.

Die aus der Verbrennung für 1 kg lufttrockenen Torf im ganzen hervorgehende Gasmenge gibt Hausding mit rund 20,4 cbm bei 300° und 760 mm Luftdruck an.

Über die im Torf enthaltene **Asche** ist bereits oben (S. 30) näheres gesagt worden. Erwähnt wurde auch dort (und Seite 33) schon, daß die Hochmoortorfe in der Regel zu den aschenarmen gehören, mit einem mittleren Aschengehalt von durchschnittlich 3%. Diese Torfarten sind somit aschenärmer als der Durchschnitt der Kohle.

Über die in die Asche übergehenden landwirtschaftlich wertvollen Bestandteile des Torfes, Kali, Phosphorsäure und Kalk ist ebenfalls bereits oben gesprochen worden. Nach einer Reihe von Untersuchungen enthalten die Torfaschen 0,6 bis 2% Kali, 0,5 bis 2% Phosphorsäure und 3 bis 40% Kalk, wobei für die Hochmoortorfe in der Regel die niedrigeren Werte in Frage kommen. Der Gehalt der Aschen an Kieselsäure (8 bis 37%), Sand und Ton (10 bis 75%) und Tonerde (2 bis 15%) ist in der Regel auch gegenüber einem **hohen** Gehalt an Kalk, Eisenoxyd (5 bis 15%) und Magnesia (0,5 bis 6%) so hoch, daß ein Schlacken der Asche bei den in der Torffeuerung herrschenden Temperaturen in der Regel nicht zu befürchten ist.

Ihres Gehaltes an Kali, Phosphorsäure und Kalk wegen kann die **Torfasche als Düngemittel** Verwendung finden. Dies ist ja bereits bei einer besonderen Art der Moorkultivierung, bei der Moorbrandkultur geschehen; da diese aber als ein Raubbau schlimmster Art anzusehen ist und unbedingt verschwinden sollte, ist hier nicht weiter darauf einzugehen. Wie weit und mit welchem Erfolge die Torfaschen als Düngemittel sonst schon praktisch erprobt sind, konnte nicht festgestellt werden.

b) Folgen der äußeren Beschaffenheit des Torfes. Eine Folge der Art der Herstellung des Torfes in Soden ist seine gleichmäßige äußere Beschaffenheit. Leider ist dabei für die Größe der Soden — sofern

[1]) Hausding, a. a. O. S. 338/39.
[2]) Taschenbuch der Hütte. 18. Aufl. 1902, I. Abt., S. 336.

man nicht die Kosten für die Trockenarbeit vermehren will — bisher eine untere Grenze bei der Größe der „Einheitssoden", $8 \times 10 \times 25$ cm frisch und etwa $5{,}5 \times 6 \times 15$ cm lufttrocken, gegeben. Ob diese Größe bei dem oben erwähnten Verfahren zur mechanischen Wendung und Häufelung der Soden etwa noch wird herabgesetzt werden können, ohne daß dabei auch ein Reißen der Soden wegen zu schneller Trocknung zu befürchten ist, müßte durch Versuche erprobt werden.

Bei der mechanischen Förderung der Soden haben sich im Betriebe des Wiesmoores[1]) einige Schwierigkeiten dadurch ergeben, daß sich die Soden „sperrig" zeigten. Allerdings waren die Soden erheblich größer (lufttrocken $6 \times 6 \times 26$ cm) als die Einheitssoden, die ja nur noch etwa die Größe gewöhnlicher Braunkohlebrikets haben. Versuche, die Soden maschinell zu brechen oder zu schneiden, schlugen fehl, da zu viel Abfall durch Mull entstand. Jetzt sollen die entstandenen Schwierigkeiten behoben sein. — Bei den kleineren Einheitssoden werden sie an sich in geringerem Grade auftreten und können wohl durch geeignete leichte Änderung der Form noch erheblich vermindert, wenn nicht völlig beseitigt werden.

Daß der lufttrockene Maschinentorf ein festes, sauberes Material ist, wurde bereits (Seite 28/29) erwähnt. Dadurch ist ein hoher Grad von Sauberkeit in den Kesselhäusern usw. zu erreichen.

Die Lagerung des Torfes kann — da er, einmal trocken, Wasser nur noch oberflächlich aufnimmt — im Freien geschehen. Dabei nimmt 1 t guter Maschinentorf in Einheitssoden geschüttet einen Raum von etwa 1,7 cbm ein, oder umgekehrt: in einem Kubikmeter können etwa 0,6 t Torf gelagert werden. Größere Soden geben ein (mehr als zum Sodeninhalt verhältnismäßig) ungünstigeres Ergebnis (bei Schüttung). Die Dichte des Torfes ist natürlich ebenfalls zu berücksichtigen.

Zum Vergleich sei angeführt, daß in 1 cbm an Steinkohle etwa 0,72 bis 0,86 t, an Braunkohle etwa 0,65 bis 0,78 t gelagert werden können; dieser Unterschied ist also nur gering. Sehr erheblich aber und zwar zum Nachteil des Torfes gegenüber der Steinkohle wird er, wenn man statt der in 1 cbm unterzubringenden Gewichtsmenge die mit 1 cbm Brennstoffaufschüttung zu erzeugende Wärmemenge betrachtet; dabei ergeben sich die „Raumheizwerte": für Steinkohle (7000 kcal) $5{,}5 \times 10^6$, für Torf aber nur $2{,}1 \times 10^6$ kcal/cbm, also nur rund den 2,5. Teil. Dies zeigt zugleich die geringe Versandfähigkeit von Torf.

Ob und wieweit durch längere Lagerung des Torfes im Freien eine Verminderung seines Heizwertes eintritt, wie dies bei Steinkohle der Fall ist, wäre noch zu untersuchen.

c) Verhalten im Feuer. Der Torf verbrennt mit langer, fast rußfreier Flamme, die infolge ihrer Verteilung auf größere Teile der Heizfläche diese gleichmäßiger anstrengt, als die Steinkohlenflamme; man

[1]) Teichmüller, a. a. O. S. 1315.

ist dadurch in der Lage, bei gleicher maximaler Beanspruchung der Heizfläche ihre mittlere Beanspruchung zu steigern. Auch ist der Schwefelgehalt — besonders der Hochmoortorfe — so gering, daß Anfressungen hierdurch nicht zu befürchten sind. Somit wird bei Torffeuerung die Heizfläche besonders geschont und soll eine verhältnismäßig etwa doppelt so lange Lebensdauer aufweisen, wie bei Steinkohlefeuerungen.

Gut gearbeiteter Maschinentorf behält bei vielen Torfarten während der Verbrennung zum Teil seine Sodenform bei und zerfällt erst nach Verbrennung aller brennbaren Bestandteile zu pulveriger Asche.

2. Feuerungen für Torf.

a) Abmessungen. Die Feuerungen für Torf müssen unter Berücksichtigung der besonderen Eigenschaften des Torfes durchgebildet sein, und weichen dadurch von solchen für Stein- oder Braunkohle nicht unerheblich ab.

Die spezifische Gesamtrostfläche bei Torffeuerungen ist mit 1 bis 1,2 qm (gegenüber 1,5 qm bei Steinkohlen-, 1,2 bis 1,4 qm bei Braunkohlenfeuerungen) für 100 kg anzunehmen, bei einer mittleren Schichthöhe von 25 bis 20 cm [1]) (bei Steinkohle 10 bis 12 cm, bei Braunkohle 15 cm). Die freie Rostfläche wird, unter Berücksichtigung der oben angegebenen Menge der Verbrennungsluft, mindestens etwa 0,6 qm für 100 kg betragen müssen (Luftdurchtrittsgeschwindigkeit im Rost = 1 m/sec); ihre Form hängt ab von der besonderen Art des im Einzelfall zur Verwendung gelangenden Torfes.

Für die Höhe des Feuerraumes wird ein Abstand von 50 bis 60 cm zwischen Rostoberkante und Heizfläche als zweckmäßig angegeben, gegen 30 bis 35 cm bei Steinkohle und 40 bis 45 cm bei Braunkohle. Die Größe des Feuerraumes muß die bei Steinkohlenfeuerung erforderliche übertreffen; denn trotz der erheblich kleineren spezifischen Gesamtrostfläche (für je 100 kg Brennstoff) bei der Torffeuerung muß diese zur Aufnahme der fast doppelt so großen Brennstoffmenge, die zur Erzeugung der gleichen Wärmemenge nötig ist, doch eine um etwa 40 bis 50% größere Gesamtrostfläche haben, als die Steinkohlenfeuerung. — Durch den vergrößerten Feuerungsraum werden die durch Strahlung entstehenden Wärmeverluste gesteigert. Diese — konstanten — Verluste beeinträchtigen den Betriebswirkungsgrad der Anlage, der sonst wegen der Rußfreiheit und wegen der Gleichmäßigkeit der Flamme höher wäre als bei Steinkohlefeuerung.

b) Bauarten. Die bei Steinkohlenfeuerungen bewährten, unmittelbar unter der Heizfläche angeordneten Flachroste sind für Torffeuerungen nicht geeignet. Die große Masse des Torfes, bezogen auf die von ihm erzeugte Wärmemenge, und sein hoher Wassergehalt be-

[1]) Hausding, a. a. O.

wirken, daß beim Zuführen von frischem Brennmaterial durch dessen große Wärmekapazität dem bereits brennenden Torf sehr viel Wärme entzogen wird, so daß bei direkter Heizwirkung die Dampfentwicklung gestört und eine gute Verbrennung unmöglich gemacht wird. (Bei Handfeuerungen, die indessen im vorliegenden Zusammenhange nicht in Betracht kommen, käme noch dazu, daß zum Aufwerfen der größeren Menge Brennstoff die Feuertüren länger geöffnet sein und kalter Luft unerwünschten Zutritt gewähren würden.)

Aus diesen Gründen ist die Feuerung als Vorfeuerung auszubilden, in der ein feuerfestes Gewölbe als Wärmespeicher dient und die zur Vorwärmung des frischen Brennstoffes und zur Zündung der Destillationsgase erforderliche Hitze liefert. Bei intermittierender Beschickung werden dabei noch zweckmäßigerweise Doppelfeuerungen angeordnet, die wechselweise beschickt werden, und dadurch die Beheizung gleichmäßiger gestalten.

Vielfach ist auch hier, wie bei anderem weniger hochwertigen Brennmaterial der Schrägrost oder der Treppenrost mit 40 bis 45^0 Neigung in direkten oder vorgelegten Feuerungen mit Erfolg angewendet worden. Bei direkten Feuerungen müssen aber die Feuergase nach rückwärts über den in der Entgasung begriffenen Brennstoff geführt werden, nach Art der Tenbrink-Feuerungen, damit eine gute Rauchverbrennung gesichert ist. Diese Feuerungen ähneln schon den Halbgasfeuerungen, das sind vorgelegte Schräg- oder Treppenrostfeuerungen, bei denen am oberen Ende ein größerer Raum zum Entgasen des Brennstoffes angeordnet ist; auch diese Art Feuerungen ist vielfach mit Erfolg bei Torffeuerungen angewendet worden. Gut soll sich in direkten Feuerungen auch der Langensche Stufenrost bewährt haben — z. B. auf dem Eisenhüttenwerk Augustfehn in Oldenburg — bei dem der frische Brennstoff nicht auf, sondern unter die bereits glühende Schicht geführt wird, wodurch eine sichere Zündung der Destillationsgase und vollkommene Verbrennung der Kohlenoxydgase bewirkt wird. Diesen Rost könnte man auch für mechanische Beschickung einrichten; ähnliche schräge Roste mit mechanischer Beschickung von unten sind in Amerika am Markt. — Wie weit vorgelegte Kettenroste für Torffeuerungen geeignet sind, ist wohl noch nicht ausgeprobt; doch dürfte sich wohl eine geeignete Konstruktion finden lassen.

Nicht ohne Aussicht erscheinen auch die Torfstaubfeuerungen, bei denen der aus zerkleinerten Soden gewonnene Torfstaub mit heißer Druckluft vermischt in einer Art Vorfeuerung, dem Anzünderofen, entzündet wird, so daß er völlig vergast. Diese Feuerung ist in Schweden mehrfach nicht ohne Erfolg eingeführt[1]). Insbesondere werden neuerdings wieder umfangreiche und Erfolg versprechende Versuche mit der Anwendung dieser Feuerungen bei den schwedischen Staatsbahnen ge-

[1]) Wallgren, Österreichische Moorzeitschrift 1911, S. 71

macht[1]); hier kam als Besonderes in Betracht, daß infolge der nahezu vollkommenen Verbrennung die Ausnutzung des Brennmaterials eine vorzügliche ist, und daß aus gleicher Ursache auch Rauch- und Funkenauswurf fast völlig fehlen; endlich war die Kesselheizfläche fast ganz frei von Ruß und Belag, sodaß der Wärmedurchgangskoeffizient und damit der Kesselwirkungsgrad auf einen hohen Wert gebracht wurden. — Der hierbei verwendete Torfstaub wurde nach dem Verfahren von Ekelund gewonnen, bei dem der aus zermahlenen lufttrockenen Soden gewonnene Torfstaub in einem Torfofen auf 15% Feuchtigkeitsgehalt getrocknet wird; dann wird er in Säcken dem Fülltrichter der Feuerung zugeführt. — Einfacher und wirtschaftlicher dürfte es sein, wenn der in Sodenform aufbewahrte Torf erst kurz vor der Verfeuerung oberhalb des Kessels gebrochen und gemahlen und von dort unmittelbar — gegebenenfalls nach leichter Vortrocknung durch die Abgase — der Feuerung zugeführt werden würde. In dieser oder ähnlicher Form könnte die Staubfeuerung vielleicht die wirtschaftlichste Torffeuerung werden; auf jeden Fall erscheinen eingehende Versuche angebracht. Ferner wäre zu prüfen, wie gefrorener Torf sich hierfür verwerten läßt.

c) Wirkungsgrad. Wie oben gesagt, wird der Wirkungsgrad der Torffeuerungen beeinträchtigt durch die besondere Größe des Feuerungsraumes, wodurch die Wärmeverluste durch Strahlung gesteigert werden. Andererseits aber wird durch die gleichmäßige Bildung einer langen Flamme und durch den Fortfall der Rußbildung der Wärmeübergang von den Heizgasen zur Kesselwandung erheblich verbessert, so daß man im ganzen für torfgefeuerte Kessel etwa mit dem gleichen Wirkungsgrad rechnen darf, wie bei kohlegefeuerten.

IV. Torfverarbeitung.

Unter „Verarbeitung" des Torfes sei hier diejenige Behandlung verstanden, bei der man — im Gegensatz zur Verfeuerung — den Torf teilweise oder ganz in einen neuen physikalischen und chemischen Zustand überführt, bevor die ihm innewohnende Energie ganz oder teilweise in Wärme umgesetzt wird. Hierzu werden Verfahren ohne oder mit Gewinnung von Nebenprodukten angewendet. Der Zweck der Verarbeitung ist teils die Erzielung eines für bestimmte Verwendungsarten geeigneteren Brennstoffes, als ihn der Torf selbst darstellt, teils die bessere Ausnutzung der im Torfe enthaltenen Stoffe.

1. Entgasung.

a) Verfahren. Bei der Entgasung werden dem Torfe durch Erhitzung unter Luftabschluß (trockene Destillation) die flüchtigen Bestand-

[1]) Wallgren, Jahrbuch der Moorkunde 1913, S. 70. Organ für die Fortschritte des Eisenbahnwesens vom 1. Oktober 1917. Ferner: Zeitschrift des Vereins deutscher Ingenieure 1917, S. 867.

teile entzogen, so daß möglichst nur Kohlenstoff — in Form von Torfkohle (auch Torfkoks genannt) — zurückbleibt, worin die anderen nicht flüchtigen Bestandteile, die Asche, eingeschlossen bleibt. Wird bei dem Verfahren die Gewinnung von Torfkohle als Hauptsache angesehen, so ist der Entgasungsvorgang so zu leiten, daß von dem Kohlenstoff des Torfes möglichst wenig in chemische Verbindungen der erzeugten Gase eingeht. Im übrigen ist auf möglichst kleinen Brennstoffaufwand zu sehen. Zur Erzeugung der für die Entgasung notwendigen Hitze wird ein Teil der ausgetriebenen brennbaren Gase sogleich — zum Teil in statu nascendi — verwendet. Sonst wird die Hitze entweder unmittelbar durch die Feuergase einer verbrennbaren Torfschicht oder durch Strahlung und Leitung von Wärme bewirkt.

Die erstgenannte Art wird in der Meiler-, der Haufen- und der Ofenverkohlung angewandt; für den Großbetrieb kommen diese Verkohlungsverfahren nicht in Betracht, zumal bei der Meiler- und Haufenverkohlung die wertvollen Nebenprodukte als solche nicht oder unvollkommen genutzt werden. Auch bei der Ofenverkohlung ist dies — wenn auch mit Schwierigkeiten teilweise erreichbar — meistens nicht der Fall; nur bei dem Weberschen Verkohlungsofen[1]) werden die Teerdämpfe abgeleitet.

Durch Strahlung und Leitung der Wärme wird die Entgasung von Torf in Muffeln oder Retorten bewirkt. Diese werden mit Torf und Torfabfall oder mittels der bei der Entgasung entstehenden brennbaren Gase geheizt, wobei die Verkohlung des Torfes in ihnen dann bei völligem Luftabschluß vor sich geht. Aus den entweichenden Gasen werden Teer, Essigsäure, Methylalkohol, Torföl, Ammoniak gewonnen, während ihr brennbarer Teil entweder nach Reinigung und weiterer Behandlung als Leuchtgas oder zur Heizung, sei es der Retorten, sei es von Dampfkesseln benutzt, oder aber in Gasmaschinen verwendet werden kann.

Bei dem Verkohlungsverfahren von Hoering-Wieland[2]) wird der bei der Erhitzung aus dem Torf ausgetriebene Wasserdampf zwangsweise in die eigentliche Verkohlungszone eingeleitet. Dort wirkt er auf den entgasten Torf und vermehrt die Ausbeute an Ammoniak und Teer dadurch, daß er die Destillationstemperatur erniedrigt, indem er bei seiner Zersetzung in Wasserstoff und Sauerstoff Wärme aufbraucht; auf diese Weise wird einer Zersetzung der Teerdämpfe und des schon gebildeten Ammoniaks vorgebeugt.

b) Bauart und Leistung der Öfen. Die Muffeln oder Retorten werden entweder mit wagerechter Achse oder mit senkrechter Achse (Ziegler, Wieland, Hoering) gebaut, beides mit rundem oder ovalem Quer-

[1]) Hausding, a. a. O. S. 369.

[2]) Hoering und Mjoen, D.R.P. 158032 vom 27. 6. 1903 und Torfkoksgesellschaft m. b. H., Berlin, Zusatzpatente 176364 vom 15. 6. 1905 und 176365 vom 15. 1. 1905. — Hoering, a. a. O. S. 537.

schnitt; oder auch als Kammeröfen mit geneigter Sohle (Bamme). Bei einzelnen Konstruktionen sind besondere Umleitungen für die erzeugten Gase angeordnet zwecks besserer Ausnutzung der Wärme und besserer Ausbeute an Nebenprodukten (Wieland, Hoering).

Die Beheizung ist durch keinerlei Besonderheiten gekennzeichnet. Die Entgasungsanlagen, die mit den erzeugten Gasen geheizt werden, haben außer den Vorrichtungen hierfür noch eine Torffeuerung, die in der Anheizperiode so lange die nötige Wärme erzeugt, bis der Entgasungsvorgang so weit gediehen ist, daß die erzeugten Gase ihrerseits die Beheizung übernehmen können.

Die Größe der Muffeln oder Kammern ist bei den bisher ausgeführten Anlagen nur so bemessen, daß sie je 9 bis 11 t lufttrockenen Torf innerhalb 24 Stunden zur Verkohlung verarbeiten können; bei der Anordnung von Ziegler sind je zwei Muffeln (mit ovalem Querschnitt) zu einem Aggregat zusammengefaßt, mit einer Gesamtleistung von etwa 18 t/tg. Die Leistung ließe sich zweifellos noch erhöhen, ohne daß Betriebsschwierigkeiten zu befürchten wären; jedoch bleibt sie in einer Größenordnung, die im Hinblick auf einen Großbetrieb sehr klein genannt werden muß.

c) Ausbeute. Die älteren Verfahren legen — wenigstens nach den vorliegenden Berichten — auf die Gewinnung des im Torfe enthaltenen, so überaus wichtigen Stickstoffes in Form von Ammoniak kein Gewicht; nur bei dem Zieglerschen Verfahren wird schon Ammoniak gewonnen, und zwar aus dem Teerwasser[1]). Hoering[2]) gelingt es durch Einleiten eines Wasserdampfstromes in die Destillationszone 15 bis 20% des im Torf vorhandenen Stickstoffes in Ammoniak umzuwandeln. Aus Torf mit 0,8 bis 1,2% Stickstoff (vgl. Seite 31) erhält man somit im Mittel etwa 0,17 bis 0,26% Ammoniak oder rund 6,8 bis 10,2 kg Ammoniumsulfat aus 1 t lufttrockenen Torf. Diese Ausbeute ist im Vergleich mit der bei Vergasungsverfahren erzielten als recht gering anzusehen. Dabei ist zu bemerken, daß das von Hoering durchgebildete Verfahren wohl als das zur Zeit vollkommenste betrachtet werden muß. Es erlaubt auch Essigsäure zu gewinnen, und zwar im Mittel etwa 0,55%.

Die Ausbeute an Teer schwankt bei Hoering zwischen 4,9 und 7,2%; andere Verfahren erzielen etwas weniger, so Wieland 2,5%, Ziegler 4%. Als Mittelwert kann man 5 vH ansetzen.

An brennbaren Gasen werden bei dem Verfahren von Ziegler 21% oder etwa 350 cbm/t, bei dem Verfahren von Hoering im Mittel 26,8% oder etwa 450 cbm/t gewonnen. Die Ausbeute kann also mit 400 cbm/t im Mittel angenommen werden.

---

[1]) Zeitschrift des Vereins deutscher Ingenieure. S. 2002, Rundschau. Torfverkokung und Gewinnung der Nebenerzeugnisse in Beuerberg bei München nach Zieglerschem Verfahren.

[2]) Hoering, a. a. O. S. 285.

Die Kohleausbeute schwankt bei Hoering zwischen 30 und 34%, während Ziegler 35% erzielt. Man kann — auch nach anderen Verfahren — mit einer mittleren Ausbeute von 33% rechnen, wovon allerdings 3% als Bruch und Grus abzusetzen sind.

Auch Methylalkohol wird gewonnen, jedoch wird die Menge nicht angegeben.

Die Ausbeute an Torfteerwasser (Torfschwelwasser) endlich schwankt bei lufttrockenem Torf zwischen 30 und 40% und kann im Mittel mit 35% angesetzt werden.

Sämtliche Werte sind sehr vorsichtig eingesetzt und dürften auch im Dauerbetriebe mindestens erreicht werden.

2. Vergasung.

a) Verfahren. Bei der Vergasung des Torfes sollen möglichst alle in ihm enthaltenen brennbaren Stoffe in unverdichtbare Gase überführt werden. Der Zweck dieses Verfahrens ist die Erzielung eines Heiz- oder Kraftgases, das einen möglichst vollkommen zu verbrennenden Brennstoff darstellt, sei es, daß diese Verbrennung in Gasmaschinen oder in Gasfeuerungen unter Dampfkesseln vor sich gehen soll. Bekanntlich ist die Gasfeuerung einer Feuerung mit festen Brennstoffen dadurch überlegen, daß bei ihr wegen der guten Mischungsmöglichkeit des Brennstoffes mit der Verbrennungsluft und durch die Möglichkeit, deren Zufuhr leicht zu regeln, der Wärmeverlust durch überschüssige Luft auf ein Mindestmaß zurückgeführt werden kann; hierdurch erhöht sich der Wirkungsgrad der Feuerung.

Die Erzeugung der Gase wird in Schachtvergasern (Gaserzeugern, Generatoren) in der Weise bewirkt, daß in ihnen der Brennstoff stets in so hoher Schicht über dem Rost aufgefüllt ist, daß die durch den Rost zuströmende Luft zur vollkommenen Verbrennung nicht hinreicht. Infolgedessen verbrennt nur die unterste Schicht und bringt durch die dabei erzeugte Wärme die oberen Schichten zur trockenen Vergasung. Dabei wird die bei der Verbrennung in der untersten Schicht erzeugte Kohlensäure zu Kohlenoxyd reduziert, indem sich der aus der Kohlensäure freiwerdende Sauerstoff mit dem durch die Feuergase glühend gemachten Torfkohlenstoff der oberen Schichten zu ebenfalls Kohlenoxyd verbindet. — Die bei der Verbrennung zurückbleibende Asche ist bei dem Prozeß von Zeit zu Zeit zu entfernen, was ohne Unterbrechung und Beeinträchtigung des Betriebes leicht auszuführen ist.

Der in den Gasen enthaltene Teer wird — falls er nicht als Nebenprodukt gewonnen werden soll — im Gaserzeuger selbst durch Zersetzung in der Verbrennungszone möglichst beseitigt.

Die erzeugten Gase sammeln sich an einer bestimmten Stelle des Gaserzeugers, meist oben oder in der Mitte, und werden von dort zur Verbrauchsstelle geleitet.

Die in dem Gase enthaltenen Wasserdämpfe, die größtenteils aus dem Feuchtigkeitswasser des Torfes herrühren, zum Teil aber auch aus der Verbindung des im Torf enthaltenen Wasserstoffes mit dem gleichfalls im Torf enthaltenen Sauerstoff oder mit dem Sauerstoff der Luft, müssen zur Erzielung einer guten Verbrennung der Gase aus ihnen entfernt werden. Dies geschieht durch Abkühlung der Gase nach ihrem Austritt aus dem Erzeuger; dabei werden die Wasserdämpfe verdichtet und können — als Ammoniakwasser — ausgeschieden werden.

Will man die bei der Vergasung zu erhaltenden Nebenprodukte, insbesondere das wertvolle Ammoniak, gewinnen, so muß man die Temperatur im Vergaser möglichst niedrig halten und die gebildeten Gase rasch ableiten, damit das sich bildende Ammoniak und die Teerdämpfe nicht durch höhere Temperaturen wieder gespalten werden. Die Regelung der Temperatur in den Glühschichten geschieht durch Einleitung von Wasserdampf, der bei seiner Spaltung in Wasserstoff und Sauerstoff einen Teil der in der glühenden Schicht erzeugten Wärme aufbraucht. Der bei dieser Zersetzung gebildete Wasserstoff geht als solcher in das Generatorgas ein und erhöht dessen Heizwirkung, während der Sauerstoff bei der Bildung von Kohlensäure und Kohlenoxyd mitwirkt. Bei Brennstoff mit mehr als 20 vH Wassergehalt, wie ihn der Torf in der Regel darstellt, kann sich ein besonderer Dampfzusatz durch entsprechende Leitung der entstehenden Gase u. U. erübrigen[1]). Andererseits soll Torf mit 50, selbst 60% Feuchtigkeitsgehalt gut vergast werden können; dies wäre von großer Bedeutung, da Torf mit so hoher Feuchtigkeit wegen der für ihn nur nötigen kurzen und einfachen Trocknung billiger erhalten werden kann, als völlig lufttrockener, und weil er ferner während einer viel längeren Zeit im Jahre zu gewinnen ist. Hierdurch würden sich die Gewinnungskosten, wegen besserer Ausnutzung der Maschinen, weiter verringern. Zu beachten ist aber, daß man bei Anwendung von Torf mit sehr hoher Feuchtigkeit nicht die Wasserdampfmenge, und nur unsicher die Stelle ihres Angriffs im Ofen regeln kann, und daß es daher zunächst als etwas Verschiedenes angesehen werden muß, ob der Wasserdampf von außen eingeleitet oder aber nur aus dem Feuchtigkeitswasser des Brennstoffes selbst erzeugt wird. Wie weit die Anwendung von Torf mit so hoher Feuchtigkeit den Wirkungsgrad des Generators beeinflußt, ist aufgrund einwandfreier Untersuchungen in der Tat auch noch nicht mitgeteilt worden; alle Behauptungen, daß auch ein Feuchtigkeitsgehalt von 40% und darüber die Wirtschaftlichkeit des Verfahrens nicht beeinträchtigen, entbehren bisher der tatsächlichen Unterlagen und dürften auch kaum zutreffend sein. Die sich hieraus ergebenden Möglichkeiten müssen daher zur Zeit unberücksichtigt bleiben.

---

[1]) Kutzbach, Die Vergasung der Brennstoffe in Generatoren, insbesondere für Kraftbetriebe. Zeitschrift des Vereins deutscher Ingenieure 1905, S. 233. — Mond, D. R. P. 136884 vom 10. 8. 1901.

Auf der dargestellten Grundlage baut sich das Frank-Caro sche Verfahren zur Vergasung von Torf unter Gewinnung der Nebenprodukte auf[1]). Bei dem verbesserten Verfahren[2]) wird ein überhitztes Gemisch von Luft und Wasserdampf unter Druck in den Generator eingeführt, derart, daß in der Entwässerungszone eine Temperatur von mindestens 250° aufrecht erhalten wird und der Zerfall des Torfes und die Ammoniakbildung räumlich und zeitlich mit seiner Entwässerung zusammenfallen; hierdurch wird die Ammoniakausbeute sehr verbessert.

Bei dem Verfahren von Hoering-Wieland[3]) wird der Torf zuerst verkohlt (vgl. Seite 40) und dann in besonderem Vergaser vergast.

Eine Reihe von anderen Verfahren variiert die Anwendung der oben gekennzeichneten Grundsätze.

b) Bauart und Leistung der Generatoren. Während Generatoren für Steinkohle und solche für Braunkohle schon in den verschiedensten Formen in großer Zahl erprobt und im Betriebe sind, ist die Anzahl von brauchbaren und bewährten Torfgeneratoren verhältnismäßig klein. Den allgemein an Generatoren zu stellenden Anforderungen müssen natürlich auch sie genügen.

Grundsätzlich sind zu unterscheiden solche Bauarten, in denen ausschließlich Gas erzeugt wird, von solchen, bei denen zugleich auch die Nebenprodukte gewonnen werden sollen. Bei den zuletzt genannten wird, wie oben erläutert, an geeigneter Stelle Wasserdampf, bei der neuen Bauart nach Caro ein überhitztes Gemisch von Luft und Wasserdampf eingeblasen, oder ein Teil des aus dem Torfe erzeugten Wasserdampfes wird durch Umleitungen in die Entgasungszone geleitet.

Bei den Verfahren, die auf Nebenproduktengewinnung verzichten, wird die Zersetzung der Teerdämpfe in permanente Gase entweder dadurch erzielt, daß die Vergasungsluft und die Generatorengase von oben nach unten durch den Generator geleitet werden, wodurch der frische Brennstoff hinter die eigentliche Brenn- und Reduktionsschicht kommt. Oder die im oberen Teil des Generators entstehenden Schwelgase werden gesondert aufgefangen und durch Umführungsrohre, gegebenenfalls unter Zuhilfenahme eines Dampfstrahles, wieder unter den Rost des Generators geführt, so daß sie von dort aus zusammen mit der Vergasungsluft den Brennstoff noch einmal durchströmen (Pintsch)[4]).

Die Anordnung, bei der der Torf in besonderem Ofen vor seiner Vergasung verkokt wird (Hoering-Wieland, ähnlich Crossley und Strache[5])) wurde bereits erwähnt. Hierbei wird ein Teil der erzeugten Gase — entweder von denen aus dem Verkokungsofen, oder

[1]) Caro, D. R. P. 238829 vom 18. 12. 1906.

[2]) Caro, D. R. P. 255291 vom 24. 1. 1909.

[3]) D. R. P. 176231 vom 31. 1. 1905.

[4]) J. Körting, Gasgeneratoren. Zeitschrift des Vereins deutscher Ingenieure 1907, S. 1039.

[5]) Zeitschrift des Vereins deutscher Ingenieure 1917, S. 479, Rundschau.

von denen aus dem Generator — zum Beheizen des Verkokungsofens verwendet.

Bei einer anderen Bauart, die jedoch nur für Torf mit weniger als 22 vH Feuchtigkeit geeignet ist, geschieht die Vergasung in zwei Brennschichten: die obere Schicht dient dann z. B. zur Entgasung und Verkokung des eingeschütteten Brennstoffes; die Schwelgase werden nach unten zu der zweiten Brennschicht geleitet, die ihre Verbrennungsluft durch den Rost erhält, und in der die Schwelgase vollständig zu permanenten Gasen zersetzt werden; diese werden dann seitlich abgezogen (Gebr. Körting und Gasmotorenfabrik Deutz).

Die Görlitzer Maschinenanstalt und Eisengießerei baut einen rostlosen Torfgaserzeuger, bei dem der Torf ebenfalls von oben eingefüllt, die Vergasungsluft aber von oben zugeführt wird; das fertige Gas wird unten in der Mitte des Querschnitts abgezogen[1]).

Der Generator von Fielding und Platt[2]), bei dem die zu Anfang der Vergasung erzeugten teerbildenden Gase besonders aufgefangen und zum Betriebe einer Hilfsmaschine (Gebläse) verbrannt werden, soll sich auch für Torf eignen, ist aber — soweit bekannt — hierfür noch nicht erprobt. Durch die besondere Anordnung sollen Stauungen der Brennstoffschicht beim Betriebe verhindert sein; auch soll der Reiniger kleinere Abmessungen erhalten.

Weitere Unterschiede in den Bauarten ergeben sich durch die Form des den Rumpf des Generators bildenden Schachtofens (z. B. Einschnürung in der Mitte bei dem Zieglerschen Generator, zwecks besserer Durchleitung der aufsteigenden Gase durch die Brennstoffschicht), durch die Anordnung und Art der Roste, des oberen Abschlusses, der Gasführungen (Gleichstrom und Gegenstrom, Umleitungen) usw.

Die Größe der Torfgaserzeuger ist von denen für Kohle nicht grundsätzlich verschieden. Nach den wenigen in der Literatur über ausgeführte Anlagen mitgeteilten Zahlen sind bisher nur Torfgeneratoren bis etwa 1,7 m Durchmesser gebaut worden mit einem stündlichen Durchsatz von rund 100 kg/qm. Einer Größe bis 3 m Schachtdurchmesser, wie sie für Kohlengeneratoren ausgeführt ist, dürfte nichts im Wege stehen; eine weitere Steigerung der Größe, wie sie für Kohlengeneratoren geplant ist, erscheint für Torfgeneratoren vorerst untunlich, da die gleichmäßige Verteilung der Torfsoden schwieriger ist, als die der Kohle, und eine Zerkleinerung der Soden durch Brecher sich nicht bewährt haben soll[3]). Die „Normalsoden" stellen in dieser Beziehung allerdings einen Fortschritt dar, da sie nur noch etwa die Größe von

[1]) Heinz, Die Ausnutzung unserer Torfmoore. Zeitschrift des Vereins deutscher Ingenieure 1911, S. 370.

[2]) Zeitschrift des Vereins deutscher Ingenieure 1910, S. 35, Rundschau.

[3]) Teichmüller, a. a. O.

Braunkohlebriketts haben. Krümeltorf, auch aus gefrorenem Torf, wird sich in bezug auf gute Verteilbarkeit besser verhalten, wenn auch zunächst zu untersuchen wäre, ob er nicht etwa Klumpen bildet. Auch dürfte seine Herstellung und besonders seine Lagerung beim Großbetrieb auf noch größere Schwierigkeiten stoßen, als dies schon beim Sodentorf der Fall ist.

c) Ausbeute. Über die Ausbeute bei dem Betriebe von Torfgaserzeugern ist nur sehr dürftiges Material an tatsächlichen und genauen Zahlen zu finden.

In den Torfvergasern, die ohne Gewinnung von Nebenprodukten arbeiten, sollen bei der Bauart von Ziegler[1]) aus 1 kg Torf 2,8 cbm Heizgas erzeugt werden, was reichlich hoch erscheint; jedoch ist der Feuchtigkeitsgehalt des Torfes nicht angegeben. Nach Versuchen in einer Anlage der Gasmotorenfabrik Deutz[2]) wurde aus 1 kg Hannoverschem Stichtorf mit 32,3% Feuchtigkeit nur 1,9 cbm Kraftgas erhalten, d. h. bei 25% Feuchtigkeit rund 2,1 cbm/kg. Dagegen wurden mit dem Generator der Görlitzer Maschinenfabrik und Eisengießerei nach Versuchen von Baer[3]) aus 1 kg lufttrockenen Torf mit 23,4% Feuchtigkeit rund 2,6 cbm Kraftgas gewonnen (näherungsweise aus den Versuchsergebnissen berechnet). Danach kann man also bei Generatoren, die ohne Gewinnung von Nebenprodukten arbeiten, die Ausbeute an Kraftgas mit 2,5 cbm für je 1 kg lufttrockenen Torf (25% Feuchtigkeit) ansetzen.

Bei Torfvergasern mit Nebenproduktengewinnung sollen nach den Angaben von Frank[4]) (ebenfalls umgerechnet nach Versuchsergebnissen) aus Torf mit 25% Feuchtigkeit rund 1,2 cbm Gas erzeugt werden, wobei jedoch schon die Gasmenge, die zur Erzeugung des bei dem Verfahren nötigen Dampfes erforderlich ist, in Abzug gebracht wurde. Berücksichtigt man dieses, so betrug (Kesselwirkungsgrad 0,65; vgl. unten) die Ausbeute etwa 2,11 cbm/kg. — Nach Messungen von Trenkler[5]) an einer Torf-Mondgasanlage wurden aus Torf mit 48,5% Feuchtigkeit eine Gasmenge von 1,69 cbm/kg, somit aus lufttrockenem Torf mit 25% Feuchtigkeit 2,46 cbm/kg erzeugt. Als Mittelwert kann man also etwa 2,3 cbm/kg lufttrockenen Torf ansetzen.

Zu einer rationellen Ausbeute an Nebenprodukten ist aber, wie oben erwähnt wurde, die Einführung von Wasserdampf in den Generator erforderlich; zu dessen Erzeugung wird eine nicht unerhebliche Menge

---

[1]) Hausding, a. a. O. S. 401.

[2]) Hausding, a. a. O. S. 405.

[3]) Baer, Untersuchung einer Torfgasanlage der Görlitzer Maschinenbauanstalt und Eisengießerei A. G. Zeitschrift des Vereins deutscher Ingenieure 1912, S. 561.

[4]) Hausding, a. a. O. S. 411.

[5]) Trenkler, Krafterzeugung bei gleichzeitiger Gewinnung von Nebenprodukten. Elektrotechnische Zeitschrift 1914, S. 672.

des entwickelten Gases verbraucht. Über die Menge des für beste Ausbeute erforderlichen Zusatz-Dampfes sind einwandfreie Versuche nicht bekanntgegeben; bei den meisten Veröffentlichungen fehlen überhaupt alle Angaben über die Menge des bei dem Verfahren angewendeten Zusatzdampfes. Trenkler erzielt bei den oben erwähnten Versuchen eine günstige Ausbeute mit einer Dampfmenge von 0,83 kg für jedes kg vergasten Torfes mit 48,5% Feuchtigkeit. Bei Torf mit 25% Feuchtigkeit wäre die Menge des Zusatzdampfes zu vermehren; man kann aus den Angaben Trenklers schließen, daß man die günstigste Ausbeute bei einer Menge von 1,1 kg Zusatzdampf je 1 kg Torf mit 25% Feuchtigkeit erhält. Nimmt man an, daß dieser Dampf eine Erzeugungswärme von 620 kcal hat und mit einem Kesselwirkungsgrad von 75% erzeugt wird, so werden hierfür 0,79 cbm Gas von 1150 kcal/cbm gebraucht, so daß die verfügbare Ausbeute an Gas nur mit 1,58 cbm je kg Torf veranschlagt werden kann. Die Gewinnung der Nebenprodukte geschieht also auf Kosten einer Gasmenge von 0,79 cbm/kg Torf; eine spätere Berechnung muß ergeben, ob hiernach eine Gewinnung der Nebenprodukte bei der Vergasung als wirtschaftlich anzusehen ist.

Von dem im Torf enthaltenen Stickstoff können bei diesem Verfahren nach den übereinstimmenden Angaben von Frank[1]) und Trenkler[2]) über ausgeführte Messungen rund 64 vH in schwefelsaurem Ammoniak gewonnen werden. Man erhält somit aus 1 t lufttrockenen Torf (25% Feuchtigkeit) mit 0,8 bis 1,2% Stickstoffgehalt 24 bis 36 kg Ammoniumsulfat.

Die Teerausbeute beträgt nach den Messungen von Trenkler 85,8 kg wasserfreien Teer aus 1 t Trockentorf, das sind rund 64 kg aus 1 t lufttrockenen Torf.

Im Anschluß hieran muß erwähnt werden, daß die Torfvergasung mit Nebenproduktengewinnung noch keineswegs so durchgebildet ist, daß der jetzige Stand als eine einigermaßen vollkommene Lösung der Aufgabe anzusehen ist.

Zunächst dürfte die Ausbeute an Nebenprodukten, die — wie angegeben — zur Zeit im Mittel etwa 64% des im Torfe enthaltenen Stickstoffs und 64 kg Teer für die Tonne lufttrockenen Torf beträgt, sich noch verbessern lassen; auch ließe sich vielleicht noch mehr und heizkräftigeres Gas erzielen. Dann muß durch bessere Wärmeausnutzung in den Generatoren die Erzeugung des Zusatzdampfes in besonderen Dampfkesseln zu vermindern oder ganz zu vermeiden sein; die Durchsatzleistung des einzelnen Ofens dürfte durch zweckmäßige Wahl des Querschnittes erhöht werden können; hierbei wird zu untersuchen sein, welche Form der Soden für den Betrieb am zweckmäßigsten ist, und wie sich

---

[1]) Hausding, a. a. O. S. 411.

[2]) Trenkler, a. a. O.

Krümeltorf, auch durch Einwirkung von Frost gewonnener, verhält. Auch wäre der Einfluß der Höhe des Feuchtigkeitsgehaltes des zu vergasenden Torfes auf die Ausbeute an Nebenprodukten und Gas, auf den Heizwert des Gases, auf die erforderliche Menge des Zusatzdampfes, auf die Wärmewirtschaft des ganzen Prozesses und auf den Betrieb genau zu erforschen. Dies alles für möglichst verschiedene Torfarten. Kurz, hier ist noch eine Fülle von Aufgaben zu lösen, ein aussichtsreiches Feld, das aber nur durch genaue und eingehende, systematische, betriebsmäßige Dauerversuche, unter Vermeidung der Fehlerquellen, erschlossen werden kann. Die Arbeit wird lohnend sein; denn sie kann den Reinertrag der Anlage recht erheblich steigern, kann auch befruchtend auf Vergasungsanlagen für Braunkohle und für Steinkohle wirken.

3. Erzeugnisse der Torfverarbeitung.

a) Ammoniumsulfat. Der im Torf enthaltene Stickstoff wird aus den Generatorgasen in Form von Ammoniumsulfat mittels Leitung der Gase durch Schwefelsäure und Abdampfen der Lösung gewonnen; oder auch aus dem Gaswasser, indem man entweder unmittelbar Schwefelsäure zusetzt oder unter Zusatz von gelöschtem Kalk den Ammoniak durch Erhitzen austreibt, ihn in Schwefelsäure absorbiert und dann die Lösung abdampft. Das Ammoniumsulfat ist ein farbloses, kristallisiertes, in Wasser leicht lösliches Salz, dessen chemische Zusammensetzung durch die Formel $(NH_4)_2SO_4$ ausgedrückt wird. Zu seiner Darstellung werden der Rechnung nach 740 kg, in Wirklichkeit rund 1 t Schwefelsäure je 1 t Salz gebraucht.

Verwendung findet das Ammoniumsulfat in der Hauptsache als Stickstoffdünger in der Landwirtschaft, wo es dazu berufen schien, den Chilisalpeter zu verdrängen und Deutschland von dessen Einfuhr unabhängig zu machen; diese Rolle ist indessen jetzt in der Hauptsache durch die Erzeugnisse der nach den verschiedenen Verfahren arbeitenden „Stickstoffabriken" übernommen worden.

Durch diese neue Fabrikation wird auch der Inlandspreis für Ammoniumsulfat in der zukünftigen Friedenswirtschaft eine Neugestaltung erfahren, die nicht zum wenigsten durch gesetzliche Maßnahmen — Monopole oder Zölle — bestimmt sein wird und zur Zeit ebensowenig zu übersehen ist, wie die künftige Gestaltung des Weltmarktpreises für Ammoniumsulfat.

Dieser stellte sich bisher nach dem Weltmarktspreis für Chilisalpeter ein und übertraf ihn entsprechend seinem höheren Stickstoffgehalt, im allgemeinen im Verhältnis 21 zu 16. Dies Verhältnis wird im ganzen wohl bestehen bleiben, soweit nicht gesetzgeberische Maßnahmen auch hier gewaltsam eingreifen. Es wird sich sogar noch zugunsten des Ammoniumsulfates verbessern, da dieses wegen seines größeren Stickstoffgehaltes einen kleineren Raum als Chilisalpeter für die Stickstoffeinheit einnimmt; bei der großen Rolle, die die Frachtrate in nächster Zukunft spielen wird, dürfte dies für die Preisbildung nicht ohne Einfluß sein.

Allgemein ist anzunehmen, daß der Bedarf an Stickstoffdünger nach dem Kriege zum Ausgleich des während des Krieges Versäumten ein sehr großer sein wird, um so mehr, als die Intensität des landwirtschaftlichen Betriebes notgedrungen immer mehr gesteigert werden muß. Wie weit dieser Bedarf dann in den einzelnen Ländern selbst aus den Produktionen an künstlichen Stickstoffverbindungen wird gedeckt werden können, die durch Fortfall des größten Teiles der Sprengstofferzeugung frei werden, ist noch nicht zu erkennen. Dies aber wird für die Bildung des Weltmarktes wesentlich sein.

Die Welterzeugung von Ammonsulfat betrug[1])

im Jahre	1900	1913
in Deutschland	104 000 t	549 000 t
England	217 000 „	439 000 „
Vereinigte Staaten	58 000 „	177 000 „
Frankreich	37 000 „	75 000 „
Belgien, Österreich und andere Länder	68 000 „	170 000 „
zusammen	484 000 t	1 410 000 t

Die Produktion ist danach überall beträchtlich vermehrt worden, bei weitem am meisten in Deutschland, das England bereits erheblich überflügelt hatte. — Die deutsche Ausfuhr an Ammonsulfat übertraf im Jahre 1913 bereits die Einfuhr um 41 000 t im Werte von 245 M/t.

In ähnlichem Anstieg ist aber die Erzeugung von Chilisalpeter von rund 1,3 Millionen t im Jahre 1900 auf rund 2,4 Millionen t im Jahre 1913 gewachsen.

Trotz dieser so überaus stark vergrößerten Erzeugung von Stickstoffdünger haben die Preise, — hauptsächlich als Folge eines Bedarfes, der noch weit stärker wuchs, als die Produktion — in der genannten Periode — mit Ausnahme einer Depression in den Jahren 1906 bis 1910 — fast dauernd angezogen. Die Preise in Deutschland stiegen vom Jahre 1900 bis zum Jahre 1913 für Chilisalpeter von 160 bis 215 M/t, für Ammoniumsulfat von 210 bis auf 255 M/t. In England betrug im Herbst 1913 der Preis für Ammonsulfat 246 bis 253 M/t[2]).

Zur Beurteilung der künftigen Preistendenz wird — abgesehen von der allgemeinen Entwertung des Geldes und außer den bereits oben angeführten Gesichtspunkten — noch zu beachten sein, daß die Er-

[1]) Ost, Lehrbuch der Chemischen Technologie. Leipzig 1918, S. 172.

[2]) Technik und Wirtschaft 1914.

zeugung von Chilisalpeter unterhalb einer Preisgrenze von etwa 150 M/t, gemessen an den Wertverhältnissen vor dem Kriege, aufhören würde, gewinnbringend zu sein. (Die Erschöpfung der Lagerstätten von Chilisalpeter, die — unter Voraussetzung gleichen Abbaues, wie vor dem Kriege — in etwa 50 Jahren zu erwarten sein soll, ist in diesem Zusammenhange nicht in Betracht zu ziehen.) Hiernach wäre — unter Berücksichtigung des höheren Stickstoffgehaltes — ein Preis von etwa 200 M/t die untere Grenze für Ammonsulfat. — Andererseits ist aber in Erwägung zu ziehen, wie groß die Erzeugung an Ammonsulfat werden würde, wenn alle Elektrizitätswerke und alle Kraftwerke zur Erzeugung von Nebenprodukten übergingen. Die Weltproduktion an Kohle betrug 1913 1350 Millionen t[1]). Hiervon können rund 2% (in Deutschland 2,9%) als in Elektrizitätswerken verbraucht geschätzt werden; weitere 5% (in Deutschland werden 10% angenommen) kämen vielleicht für die Gewinnung von Nebenprodukten in industriellen Anlagen in Frage. Das gäbe zusammen 93 Millionen t/Jahr an verarbeiteter Kohle, die bei einer mittleren Ausbeute von 4% rund 3,7 Millionen t Ammonsulfat liefern würden, also etwa $2^1/_2$ mal so viel wie die bisherige jährliche Erzeugung betrug und etwas mehr als an Ammonsulfat und Chilisalpeter (diesen auf Ammonsulfat umgerechnet) zusammen im Jahre 1913 erzeugt wurden. Hierdurch könnte also der Markt erheblich beeinflußt werden, und die Tendenz könnte sich leicht von einer steigenden in eine fallende umkehren. Diese Gefahr ist aber nach dem Ergebnis der Untersuchungen von Klingenberg über die „Wirtschaftlichkeit von Nebenproduktenanlagen für Kraftwerke“ [2]) vorerst nicht groß, da hiernach die Möglichkeiten für eine wirtschaftliche Gewinnung von Nebenprodukten zur Zeit recht beschränkte sind; sie ist indessen in gewissem Umfange zu erwarten in dem Augenblick, in dem eine wirtschaftlich arbeitende Gasturbine auf den Markt gelangt.

Die anderen Stickstoffverbindungen sind im Wettbewerb auf dem freien Markt vorerst nicht zu fürchten.

b) Teer. Der Teer wird aus den abziehenden Gasen größtenteils durch einfache Sublimierung in Vorlagen, teils im Pelouze-Apparat gewonnen.

Der Torfteer ist vom Steinkohlen- und vom Holzteer wesentlich verschieden, steht dagegen nach den eingehenden Untersuchungen von Hoering[3]) dem Braunkohlenteer ziemlich nahe. Wie dieser, ist er dem Steinkohlenteer gegenüber minderwertig durch das Fehlen der aromatischen Kohlenwasserstoffe.

---

[1]) Die wirtschaftlichen Kräfte Deutschlands. Herausgegeben von der Dresdener Bank, Berlin.

[2]) Berlin 1917.

[3]) Hoering, a. a. O. S. 298 ff.

Der von Hoering untersuchte Teer ist durch Trockendestillation von Torf, d. h. bei dessen Verkokung gewonnen worden, ist also als Schweltorfteer zu bezeichnen. Er ist von salbenartiger Beschaffenheit, schwarzer Farbe und durchdringendem Geruch; sein spezifisches Gewicht schwankt zwischen 0,94 und 0,97 bei 40° C. Die chemische Elementaranalyse ergab für wasserfreien Teer 81,8% C, 10,17% H und 0,93% N. Im übrigen besteht er aus einer Reihe von hochmolekularen Verbindungen und ist Ausgangsmaterial für eine große Zahl von wertvollen Produkten. — Nach der angegebenen Analyse berechnet sich der Heizwert des wasserfreien Torfteers zu 9300 WE; er ist also besonders hoch.

Bei seinen eingehenden Untersuchungen kommt Hoering über die Verwertbarkeit des Torfteers zu folgenden Ergebnissen:

„1. Wertvoll wird der Torfteer durch seinen ziemlich beträchtlichen Gehalt an schwefelfreien Phenolen, deren Gewinnung auf jeden Fall in Frage zu ziehen wäre.

2. Eine Gewinnung der Pyridinbasen ist wegen des geringen Gehaltes an eigentlichem Pyridin unlohnend.

3. Ob sich die Isolierung der neutralen Öle lohnen würde, ist noch fraglich, da nach den Anforderungen der Verbraucher, z. B. der Eisenbahnverwaltung, Gasöle nur einen Höchstgehalt von 1,5 bis 2% Kreosot aufweisen dürfen, und eine Entfernung des Kreosots bis zu diesem Mindestgehalt die Herstellungskosten der technisch verwertbaren Öle bedeutend verteuern würde. Aussicht auf Erfolg bietet jedoch die Gewinnung der neutralen Öle für den Fall, daß es gelingen sollte, die höhermolekularen Verbindungen etwa durch Kontaktprozesse bei hoher Temperatur in wertvollere niedermolekulare Verbindungen von niedrigerem Siedepunkt überzuführen.

4. Auch die Ausbeute an Paraffin ist genügend, um an seine Gewinnung zu denken.“

Die Gewinnung aller dieser Produkte könne jedoch nur in Frage kommen, wenn Teer in genügend großer Menge zur Verarbeitung gebracht werden könnte.

Ziegler[1]) erhielt aus 100 kg Torfteer 10 kg Paraffinschuppen von 48° Schmelzpunkt, ferner 58 kg Gasöl und 12 kg Kreosotöl; auch in dem nach dem Wielandschen Verkohlungsverfahren arbeitenden Torfwerk Elisabethfehn erhält man 10% Paraffin, etwa 60% Öle und ferner 20% gutes Pech[2]).

Über den Generator-Torfteer sind besondere Untersuchungen nicht bekannt. Er dürfte aber in seiner technischen Verwendbarkeit

[1]) Hausding, a. a. O. S. 381.

[2]) Hausding, a. a. O. S. 384.

dem Schwel-Torfteer wenigstens gleichwertig sein, eher wertvoll da er anscheinend bei noch tieferer Temperatur gewonnen ist.

Auch über die Erzeugung und den Marktpreis von Torfteer übe haupt waren Zahlen nicht zu erlangen. Gewöhnlich wird der Torfte bei etwaigen Angaben mit dem ihm sehr ähnlichen Braunkohlente zusammengefaßt. So wird als deutsche Erzeugung im Jahre 1911 f Braunkohlenteer (Schwelteer, einschließlich Schiefer- und Torftee angegeben[1]) 74370 t im Werte von 3,6 Millionen M. Hieraus werd erzeugt 43 800 t Öle, 11 800 t Rohparaffin und 8600 t Goudron, Pe und Kreosotöle; das Rohparaffin lieferte 7000 t Hartparaffin für Kerz im Werte von 3,5 Millionen M. (Bedeutend umfangreicher ist die Paraffi industrie in Schottland, wo im Jahre 1909 3 Millionen t Ölschiefer ve arbeitet wurden.)

Der Preis betrug nach Vorstehendem im Jahre 1911 48,4 M gegenüber einem Preis von rund 25 M/t für Steinkohlenteer, desse Preis in den letzten Jahren vor dem Kriege allerdings gesunken is und zwar bis 20 M/t im Jahre 1914.

Ein- und Ausfuhrzahlen für Braunkohlenteer, auch Zahlen für d Welterzeugung und den Weltmarktpreis konnten nicht ermittelt werde

Anzunehmen ist, daß der Torfteer im Inlande stets einen gute Markt finden wird, sowohl wegen des Paraffins, das aus ihm gewonne werden kann, als auch besonders wegen der aus ihm darzustellende Öle. Die Bestrebungen, Deutschland vom Auslande unabhängig z machen, werden zweifellos dazu führen, aus dem Torfteer ein brauchbar Schmieröl und auch Trieböl wirtschaftlich herzustellen, wie es b Braunkohleteer bereits geschehen ist; damit wäre dem Torfteer ei großer Markt erschlossen. Auch andere wertvolle Erzeugnisse dürfte mit fortschreitender Erkenntnis noch aus ihm zu gewinnen sein, so da die Preistendenz aller Voraussicht nach eine steigende sein dürfte.

Die Forschung sollte sich der verschiedenen Arten des Torftee ganz besonders annehmen.

c) Torfkohle. *ca) Eigenschaften.* Bei der Verarbeitung eine in der Mischmaschine gut verdichteten Maschinentorfs erhält ma eine feste Torfkohle, die dem Steinkohlenkoks sehr ähnelt und auc fast deren Druckfestigkeit hat. Die Druckfestigkeit von Nadelhol kohle übertrifft sie erheblich und erreicht die der Laubholzkohle[2] Die Torfkohle ist klingend hart und hat glänzend schwarze Bruch flächen. Sie wird in großen Stücken, entsprechend der Größe der Tor soden und ihrer Schwindung während des Verkohlens, gewonnen. Ih spezifisches Gewicht ist nach Herkunft und Aschengehalt verschiede und wurde zwischen 0,67 und 0,84 gemessen[3]). Für gute harte Torfkohl

---

[1]) Ost, a. a. O. S. 397.
[2]) Hoering, a. a. O. S. 293.
[3]) Hoering, a. a. O. S. 296.

wie sie aus gutem Hochmoor-Maschinentorf mit mittlerem Aschengehalt von etwa 3—4% erhalten werden kann, ist ein mittleres spezifisches Gewicht von 0,82 anzunehmen.

Der Aschegehalt ist natürlich auch wesentlich für den Heizwert der Torfkohle und damit für ihre Verwendungsfähigkeit. Dabei ist zu beachten, daß der gesamte Aschegehalt des Torfes in die Torfkohle eingeht und hier, da die Ausbeute an Torfkohle aus Torf rund $1/3$ ist, etwa den dreifachen Prozentsatz ausmacht im Vergleich mit dem Torf. Deshalb kommen für die Herstellung der Torfkohle nur aschenarme Torfe in Frage, wie sie Hochmoortorfe in der Regel darstellen. Aus Torf mit 3—4% Asche erhält man dann eine Torfkohle mit einem Aschengehalt von 9—12%. Die Torfkohleasche hat die gleichen Eigenschaften wie die Torfasche.

Die weitere chemische Zusammensetzung der Torfkohle schwankt etwas nach der Art des Ausgangsmaterials, mehr noch nach der Art und dem Grade der Verkohlung. Torfkohle nach dem Verfahren von Ziegler[1]) zeigte eine Zusammensetzung von 84,23% C, 1,93% H, 1,49% N, 6,28% O, 3,09% Asche und 4,47% Feuchtigkeit. Der Aschegehalt des verwendeten Torfes war somit besonders gering. Der Heizwert dieser Torfkohle wird auf 7042 WE angegeben. — Hoering[2]) erhält (als Mittelwert aus 10 Analysen an verschiedenartiger, nach seinem Verfahren hergestellten Torfkohle) 78,63% C, 2,37% H, 6,83% O, 1,30% N und 10,91% Asche; der Heizwert der Torfkohle war 6780 WE. Bei Berücksichtigung des verschiedenen Aschegehaltes stimmen diese Werte mit dem oben angegebenen gut zusammen.

Schwefel ist in der Torfkohle gewöhnlich nur in sehr geringen Mengen vorhanden (Steinkohlenkoks hat mindestens 0,9—1,2%), und von diesem sehr geringen Schwefelgehalt ist der allergrößte Teil bei der Verbrennung nicht flüchtig, sondern bleibt vollkommen in der Asche[3]).

Auch Phosphor ist nur in verschwindend geringen Mengen vorhanden (von Hoering wurden im Durchschnitt 0,032%, bei Kohlen aus schwedischem Torf bis 0,15% gemessen).

Danach kann man für gute gare Torfkohle aus Torf mit einem mittleren Aschegehalt von 3—4% annehmen eine mittlere chemische Zusammensetzung von 10,5% Asche, 1,3% N, 79% C, 2,4% H und 6,8% O und einen Heizwert von 6900 WE. Dies ist eine sehr vorsichtige Annahme; die Moorversuchsanstalten nehmen als Vergleichswert für Torfkohle 7300—7600 WE an, ein Wert, der nach den mitgeteilten Versuchsergebnissen allerdings reichlich hoch erscheint. Zum Vergleich

[1]) Hausding, a. a. O. S. 381.

[2]) Hoering, a. a. O. S. 291.

[3]) Hoering, a. a. O. S. 295.

sei angeführt, daß Steinkohlenkoks mit höchstens 5% Asche einen Heizwert von 6800—7800 WE hat.

Der Hitzegrad kann mit etwa 2300° angenommen werden. (Bei Steinkohlenkoks mit höchstens 5% Asche werden 2350—2450° erreicht.)

Den Luftbedarf bei der Verbrennung von Torfkohle hat Hausding[1]) auf rund 8 cbm/kg nach Rechnung angegeben (gleich der von Backkohle); die wirkliche zur Verbrennung zugeführte Luftmenge ist doppelt so groß. Damit erhält man an Verbrennungsgasen 33,7 cbm/kg (bei 300° C und Normaldruck).

In der Feuerung läßt sich die Torfkohle viel leichter entzünden als Steinkohlenkoks und glimmt, einmal in Brand gesetzt, selbst bei geringem Luftzuge fort. Sie verbrennt fast rauch- und geruchlos und hinterläßt eine weißgelbe, sehr leichte Asche[2]).

cb) Verwertungsmöglichkeit. Aus den vorzüglichen Eigenschaften der Torfkohle ergeben sich verschiedene Verwertungsmöglichkeiten.

Ihr hoher Heizwert, der dem guter Steinkohle gleichkommt, macht sie zu einem guten Feuerungsmaterial, das infolge seiner leichten Entzündbarkeit vielfach auch dort zur Anwendung gelangen kann, wo eine solche Möglichkeit für Steinkohlenkoks nicht gegeben ist. Versuche, die Torfkohle auf Kettenrosten zu verbrennen, sind — soweit bekannt — noch nicht ausgeführt, erscheinen aber aussichtsreich; falls sich dabei die Torfkohle allein nicht bewähren sollte, könnten Versuche mit einem Gemisch von Torf und Torfkohle in Frage kommen. —

Neben der starken Heizkraft macht der hohe mit der Torfkohle zu erzielende Hitzegrad sie für hüttentechnische Zwecke ganz besonders geeignet; sie kann in dieser Beziehung mit Steinkohlenkoks und mit Holzkohle (5200—7800 WE und 2100—2450°) durchaus konkurrieren, übertrifft aber den Steinkohlenkoks durch ihre Reinheit infolge Abwesenheit von Phosphor und flüchtigem Schwefel. Auch die Druckfestigkeit guter Torfkohle genügt für metallurgische Zwecke. Sie wird also zunächst mit der Holzkohle bei der Herstellung von Feineisen in Wettbewerb zu treten haben und könnte uns hier vom Auslande, aus dem Deutschland sowohl Holzkohle wie Feineisen einführt, fast unabhängig machen. Wieweit sie darüber hinaus auch dem Steinkohlenkoks gegenüber konkurrenzfähig ist, wird noch behandelt werden.

cc) Marktwert. Die deutsche jährliche Steinkohlenkokserzeugung hat vom Jahre 1908 bis zum Jahre 1913 von 22 Millionen t auf 33 Millionen t ständig zugenommen, ähnlich die jährliche Koksausfuhr von 3,6 Millionen t auf 6,2 Millionen t (vgl. Abb. 3[3])).

---

[1]) Hausding, a. a. O. S. 338/39.

[2]) Hoering, a. a. O. S. 296.

[3]) Nach Zahlenangaben in Technik und Wirtschaft 1908 bis 1916.

Im Jahre 1913 betrug die Kokserzeugung in

Deutschland	33,0	Millionen t
England	20,9	„ t
Frankreich	3,1	„ t
Vereinigte Staaten	42,0	„ t
die Welterzeugung betrug	113,0	„ t[1]).

Die Preise für Hochofenkoks schwankten in den Jahren 1908—1913 zwischen 18,50 und 14,00 M/t (Abb. 3) um einen mittleren Wert von 16,50 M/t. Demgegenüber war der Durchschnittspreis für Holzkohle etwa 80 M/t; Torfkohle wurde mit 60—70 M/t, Nußtorfkohlen (für Eisengießereien zum Trocknen der Formen) mit 40—60 M/t verkauft; der Abfall von Torfkohle — unter 20 mm Stückgröße — erzielte 25 bis 40 M/t und wurde zur Herstellung von rauchlosen Preßkohlen, zur Beimischung bei Härtemitteln und für chemische Zwecke gebraucht[2]).

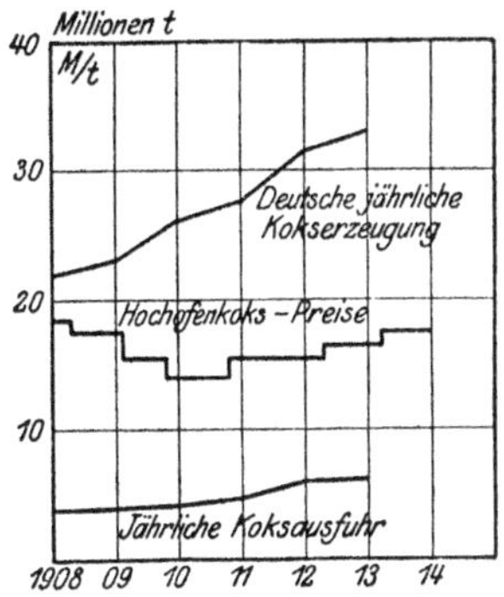

Abb. 3. Deutsche Kokswirtschaft.

Bei einer Erzeugung von Torfkohle im großen würde ihre Verwendung als Ersatz von Holzkohle, wobei sich ein Preis von 60—80 M/t ergeben würde, nur in gewissem Umfang ausreichen. Zur Inlandserzeugung der deutschen Feineiseneinfuhr von etwa 43 000 t im Jahre 1913 würden nämlich schätzungsweise nur 60 000 t Torfkohle gebraucht; die hierzu nötigen 180 000 t lufttrockenen Torf würde man schon aus etwa 27 Millionen cbm Torfmoor erhalten, d. h. es brauchten hierfür — bei einer Mächtigkeit des Moores von 4 m — im Jahre nur etwa 68 ha Hochmoor abgebaut werden. — Eine gesteigerte Ausfuhr von Feineisen aus Deutschland wird nach dem Kriege kaum in Betracht kommen. Auch mit einer Ausfuhr von Torfkohle dürfte man kaum rechnen können, weil bei Rentabilität des Betriebes die anderen Länder ihre Torfmoore ebenfalls ausbeuten werden[3]).

Bei größerer Erzeugung von Torfkohle hätte diese nur dann einen genügend großen Markt, wenn sie mit Hochofenkoks in Wettbewerb treten könnte. Vermöge ihrer größeren Güte würde sie dabei immerhin einen Preis von wenigstens 20—30 M/t erzielen können, ähnliche Verhältnisse, wie vor dem Kriege vorausgesetzt. Ob die Torfkohle für diesen Preis wirtschaftlich herzustellen ist, wird noch später zu untersuchen sein.

---

[1]) Die wirtschaftlichen Kräfte Deutschlands. Dresdener Bank, Berlin.
[2]) Hausding, a. a. O. S. 384.
[3]) Vgl. S. 120, Anm. 2.

d) Kraftgas. Das aus dem Torf gewonnene Gas hat ein Gewicht von etwa 0,6 kg/cbm. Seine chemische Zusammensetzung schwankt nach der chemischen Beschaffenheit des Ausgangstorfes, ist aber auch abhängig von der Art der Entgasung und Vergasung.

Das bei der Entgasung erhaltene Gas steht in seiner Zusammensetzung zwischen dem Holzgas und dem Braunkohlen-Schwelgas. Bei einer Untersuchung, die Wolff im Auftrage der preußischen Regierung in Oldenburg an einer Zieglerschen Verkohlungsanlage[1]) ausführte, erhielt er aus Torf mit 31% Feuchtigkeit ein Gas von 27,4 Raumprozenten CO_2, 1% $C_m H_n$, 2,2% O, 8,6% CO, 23,6% H_2, 14,8% CH_4, 22,4% N. — Der Heizwert der bei dem Zieglerschen Verfahren erzeugten Gase wird an anderer Stelle[2]) auf etwa 1200 WE/cbm angegeben.

Verwendung finden diese Gase fast ausschließlich bei dem Verkohlungsverfahren selbst, zur Beheizung der Öfen oder Retorten; hier ist es auch mit befriedigendem Erfolg gelungen, mit den gewonnenen Torfgasen bei der Durchführung des Ofenbetriebes auszukommen[3]). Zur Abgabe nach außen zwecks Krafterzeugung kommen diese Gase z. Z. wohl kaum in Frage; die Angaben über das Wielandsche Verfahren, bei dem es möglich sein soll, auch bei feuchterem Torf mit dem eigenen Torfgase nicht nur zur Beheizung der Öfen und der Nebenbetriebe auszukommen, sondern auch elektrische Kraft für die Torfmaschinen auf dem Moore kostenfrei abzugeben, sind mit Vorsicht aufzunehmen.

Bei den aus der Vergasung erhaltenen Gasen ist zu unterscheiden zwischen den Erzeugnissen der Verfahren ohne und denen mit Gewinnung von Nebenprodukten.

Aus Anlagen ohne Gewinnung von Nebenprodukten wird in einem Vergaser der Firma Gebr. Körting A. G.[4]) mit Torf mit 29,0% Feuchtigkeit, 6,1% Asche, 37,5% C, 3,7% H, 23,7% (O+N) und einem Heizwert von 3065 WE ein Kraftgas erhalten von 11,2% CO_2, 0,3% O, 17,0% CO, 6,2% CH_4, 5,9% H und 59,4% N mit einer Heizkraft von 1187 WE/cbm. Aus Torf mit 45% Feuchtigkeit ergab sich ein Gas mit 1029 WE/cbm.

In einem Generator der Görlitzer Maschinenbauanstalt und Eisengießerei erhielt Baer[5]) aus Torf mit 23,8% Feuchtigkeit, 4,1% Asche, 41,65% C, 4,1% H, 26,35% O und einem aus 9 Messungen ermittelten Heizwert von 3940 WE (berechnet 3463 WE) ein Gas mit 13,17% CO_2, 1,16% O, 14,32% CO, 1,55% CH_4, 0,13% C_mH_n, 17,05% H

[1]) Hoering, a. a. O. S. 399.

[2]) Hausding, a. a. O. S. 380.

[3]) Hoering, a. a. O. S. 397.

[4]) Hausding, a. a. O. S. 405.

[5]) Baer, a. a. O.

und 52,6 % N (Mittel aus 2 Messungen) und einer unteren Heizkraft von 1015 WE/cbm (gemessen).

In dem Torfvergaser von Ziegler[1]) wird ein Gas von 1000 WE/cbm erhalten.

Bei vorsichtiger Annahme kann man somit rechnen, daß man aus gutem lufttrockenem Torf mittlerer Zusammensetzung und einem Aschegehalt bis 6 % ein Gas von 1100 WE/cbm erhält.

Aus Anlagen mit Gewinnung von Nebenprodukten liegen die erwähnten Messungen von Trenkler[2]) vor, der aus Torf mit 48,5 % Feuchtigkeit, 1,2 % Asche, 31 % C, 3,8 % H, 15,4 % O, 0,8 % N, und von 2790 WE (also recht hoch für Torf mit jener hohen Feuchtigkeit) ein Gas erhält von 18,4 CO_2, 0,1 % O, 11,4 % CO, 3,3 % CH_4, 0,25 % C_mH_n, 23,3 % H, 43,05 % N und mit einem unteren Heizwert von 1265 WE/cbm. — Ferner gibt Frank[3]) an, daß er aus Torf mit 50 bis 55 vH Feuchtigkeit ein Gas erhielt, das im Mittel enthielt 17,4—18,8 % CO_2, 9,4—11 % CO, 2,4—3,6 % CH_4, 22,4—25,6 % H, 42,6—46,6 % N und Spuren von O, also von ziemlich genau der gleichen Zusammensetzung wie das von Trenkler untersuchte. Der Heizwert des erzeugten Gases schwankt zwischen 1300—1400 WE/cbm, nach anderen Angaben zwischen 1100 und 1300 WE/cbm. — Als sehr vorsichtig gewählten Mittelwert kann man somit 1150 WE/cbm annehmen; er ist also etwas höher, als der des Gases aus Anlagen ohne Nebenprodukte, wohl infolge der Bildung von Wassergas aus dem eingeblasenen Wasserdampf.

Die Gase sind sowohl in Feuerungen, wie zum Betrieb von Gasmaschinen anwendbar und den aus anderen Brennstoffen erzeugten Gasen gleichwertig.

e) **Torfschwelwasser.** Das bei der Torfverkohlung erhaltene Torfschwelwasser (Torfteerwasser) ist nach Hoering[4]) von schwarzbrauner Farbe, hat phenolartigen Geruch und reagiert alkalisch; sein spezifisches Gewicht betrug 1,02 bei 17,5°.

Das Torfschwelwasser enthält Ammoniak, Essigsäure und Methylalkohol. Aus Wasser, das nach dem Zieglerschen Verfahren anfiel, erhielt Wolff[5]) 0,35 % Ammoniak, 0,95 % Essigsäure, 0,74 % Methylalkohol; außerdem noch 0,02 % Buttersäure. An anderer Stelle[6]) wird mitgeteilt, daß man aus 1 cbm dieses Torfteerwassers etwa 10 kg Ammonsulfat, 15 kg essigsauren Kalk und 15 kg Methylalkohol erhielt. Hoering will bei der Torfverkokung nach seinem Verfahren an Essigsäure 0,5—0,6 %

[1]) Hausding, a. a. O. S. 401.

[2]) Trenkler, a. a. O.

[3]) Hausding, a. a. O. S. 411.

[4]) Hoering, a. a. O. S. 403.

[5]) Wolff, Verhandlungen des Vereins zur Beförderung des Gewerbefleißes in Preußen 1903, S. 295.

[6]) Hausding, a. a. O. S. 381.

des lufttrockenen Torfes erhalten haben, also etwa 50—80% mehr als bei dem Zieglerschen Verfahren.

Bezüglich des Ammoniakgehaltes des Torfteerwassers ist zu bemerken, daß nach einigen Verfahren fast der gesamte Stickstoffgehalt im Teerwasser aufgefangen und auf die oben angedeutete Weise gewonnen wird; bei anderen Verfahren geht der Stickstoff größtenteils in die Gase über, ein kleiner Teil nur in das Teerwasser.

Der Gehalt des Torfteerwassers an Essigsäure und Methylalkohol ist für eine technische Verwertung wohl genügend und dürfte die Wirtschaftlichkeit der Torfverkohlung erhöhen, in Anbetracht der guten Preise, die für diese Stoffe gezahlt werden (Essigsäure, technisch 30%, 27 M/100 kg, Methylalkohol, chemisch rein, azetonfrei, 98—99%, 190 M/100 kg, Holzgeist, technisch 90%, 90 M/100 kg). Dabei ist natürlich zu berücksichtigen, daß ihre Darstellung aus dem Torfteerwasser noch mit nicht unerheblichen Kosten verbunden ist. Genauere Unterlagen liegen nicht vor; deshalb sollen diese Stoffe bei den späteren Wirtschaftlichkeitsberechnungen nicht in Ansatz gebracht werden. Dadurch werden diese Berechnungen noch vorsichtiger.

4. Wirkungsgrad der Torfverarbeitung.

Als Wirkungsgrad der Brennstoffverarbeitung soll hier der von Klingenberg[1]) für die Vergasung definierte thermische Wirkungsgrad ganz allgemein für die Brennstoffverarbeitung erweitert werden. Für die Vergasung wird der Begriff des Vergasungswirkungsgrades übernommen, für die Entgasung der Begriff des Verkohlungs- (Verkokungs-) Wirkungsgrades eingeführt.

Es bezeichne

B das stündlich verarbeitete Gewicht an Brennstoff (hier: lufttrockenem Torf) in kg,

H_B den Heizwert von 1 kg dieses Torfes in kcal,

K die stündlich erzeugte Menge an Torfkohle in kg,

H_K den Heizwert dieser Torfkohle in kcal,

F die stündlich für die Beheizung des Verkohlungsofens nötige Menge an Feuerungsmaterial in kg,

H_F den Heizwert von 1 kg dieses Feuerungsmaterials in kcal,

G die stündlich erzeugte Gasmenge in cbm (0°, 760 mm),

H_G den Heizwert von 1 cbm Gas (0°, 760 mm) in kcal,

T die stündlich erzeugte Teermenge in kg,

H_T den Heizwert von 1 kg Teer in kcal,

D die etwa vom Generator oder dem Verkohlungsofen erzeugte, für fremde Zwecke verfügbare Dampfmenge in kg,

i_D die Erzeugungswärme dieses Dampfes in kcal,

---

[1]) Klingenberg, Wirtschaftlichkeit von Nebenproduktenanlagen für Kraftwerke, Berlin 1917.

Z die stündlich von einer fremden Dampfquelle gelieferte Zusatzdampfmenge in kg,

i_z Die Erzeugungswärme von 1 kg Zusatzdampf in kcal,

η_z den Wirkungsgrad des Dampferzeugers für den Zusatzdampf.

Damit ist der thermische Wirkungsgrad der Brennstoffverarbeitung allgemein

$$\eta_{therm} = \frac{K H_K + G H_G + T H_T + D i_D}{B H_B + F H_F + \frac{Z i_z}{\eta_z}}$$

Er drückt das Verhältnis aus zwischen der gesamten in der Torfkohle (dem Koks), im Teer, im erzeugten Gase, im für fremde Zwecke verfügbaren Dampfe nutzbar zu machenden Wärmemenge zu der im Verkohlungsmaterial, in dem zur Beheizung der Öfen erforderlichen Feuerungsmaterial und im Zusatzdampf zugeführten.

Wie oben ausgeführt, kann man bei der Torfverkohlung mit den hierbei erzeugten Gasen zur Beheizung der Öfen auskommen; andererseits bleibt nach bisher bekanntgegebenen, durch Versuchszahlen belegten Betriebsergebnissen auch kein Gas für fremde Zwecke verfügbar. Dadurch vereinfacht sich der Ausdruck für den thermischen Wirkungsgrad, indem man für $F H_F$ $G H_G$ einsetzen kann.

Bei der Vergasung fallen die Posten $K H_K$ und $F H_F$ fort.

Über Dampf, der als Nebenprodukt der Torfverarbeitung erzeugt und für fremde Zwecke verfügbar ist, fehlen Angaben.

Zur einfachen Angabe des Verhältnisses des verarbeiteten Brennstoffes zum erzeugten Koks (Kohle) unter Berücksichtigung der Heizwerte beider Stoffe diene der Verkohlungs- (Verkokungs-) Wirkungsgrad

$$\eta_{verk} = \frac{K H_K}{B H_B};$$

ihm entspricht bei der Vergasung der Vergasungswirkungsgrad

$$\eta_{verg} = \frac{G H_G}{B H_B}.$$

Nach den oben schon angeführten Mitteilungen über die verschiedenen Verfahren ergibt sich dann folgendes:

	Verkohlung				Vergasung						
	Verfahren nach			Normal- (Mittel-) werte	Ohne Nebenprodukte				Mit Nebenprodukten		
	Ziegler	Bamme	Hoering		Ziegler	Verfahren nach Körting	Görlitz	Normal (Mittel)	Verfahren nach Frank-Caro	Mond	Normal (Mittel)
Feuchtigkeit	20—25 %	30	27	25	?	29	23,8	25	52	48,5	25
B	1000	1000	1000	1000	1000	1000	1000	1000	1000	1000	1000
H_B	3500 (angen.)	3500 (angen.)	3570	3500	3500 (angen.)	3065	3940	3500	2181 (angen.)	2790	3500
K	350	350	327	330[1] (300)	—	—	—	—	—	—	—
H_K	7042	6900 (angen.)	6900 (angen.)	6900	—	—	—	—	—	—	—
G	210 kg = 350	90 kg = 150	268 kg = 450	400	2800	2360 (angen.)	2600 (berechnet)	2500	1440 (umgerechnet)	1690	2300
H_G	1200	5000 (?)	1200 (angen.)	1200	1200	1187	1015	1100	1300	1265	1150
T	40	40	60	50	—	—	—	—	41 (angen.)	44	64
H_T	9300 (angen.)	9300 (angen.)	9300 (berechnet)	9300	—	—	—	—	9300 (angen.)	9300 (angen.)	9300 (angen.)
Z	—	—	—	—	—	—	—	—	800 (angen.)	830	1100 (700)[2]
i_z	—	—	—	—	—	—	—	—	620 (angen., da unt. Druck)	608	620
η_z	—	—	—	—	—	—	—	—	0,65 (angen.)	0,65	0,75
$\eta_{therm.}$	82,9	75,5	81,5	81,0	96,0	91,2	67,1	78,6	77,1	71,7	73,0 (79,2)[2]
$\eta_{verk.}$	70,3	69,2	63,1	65,1 (59,2)[1]	—	—	—	—	—	—	—
$\eta_{verg.}$	—	—	—	—	96,0	91,2	67,1	78,6	86,4	76,6	75,6
Ammoniumsulfat kg				6,8—10,2				—			24—36
Ammoniumsulfat % v. N				18				—			64

[1]) Der eingeklammerte Wert bezieht sich auf die Ausbeute unter Berücksichtigung des Bruchs (der indessen bei direkter Verfeuerung im Werk fast völlig zu verwerten ist); mit ihm wird zu rechnen sein, wo Verkauf der Kohle in Frage kommt.

[2]) Die eingeklammerten Werte ergeben sich bei Berücksichtigung der Tatsache, daß ein Teil des Dampfes durch die Eigenwärme der

V. Ergebnisse der Untersuchungen.

Die vorstehenden Untersuchungen haben ergeben:

1. Die deutschen Torfmoore sollen nach vielfachen Angaben eine Fläche etwa gleich der von Württemberg (rund 20000 qkm) bedecken; sie bestehen etwa zur Hälfte aus Hochmoor, zur Hälfte aus Niederungsmoor. Diese Fläche ist der landwirtschaftlichen Nutzung entzogen; sie kann ihr bei den Hochmooren am zweckmäßigsten durch Abbau der Moore zugeführt werden. Der Energievorrat in den Hochmooren allein entspricht ungefähr dem in 1,5 Milliarden Tonnen guter Steinkohle; hiermit könnten in heutigen Großkraftwerken 100 Jahre lang 2,05 Millionen kW ununterbrochen erzeugt werden.

2. Der Torf kann in Großbetrieben in guter Beschaffenheit mit 25 vH Feuchtigkeit zu einem im Verhältnis zur Steinkohle geringen Preis für die Wärmeeinheit hergestellt werden. Die natürliche Lufttrocknung ist zur Zeit das einzig wirtschaftliche Trocknungsverfahren; durch Anwendung von Maschinen an Stelle von Handarbeit kann es noch erheblich verbilligt werden.

3. Hochmoortorf ist in Gestalt von Maschinentorf ein gutes Brennmaterial von ziemlich gleichartiger Zusammensetzung und einem mittleren Heizwert von 3500 kcal bei 25 vH Feuchtigkeitsgehalt.

4. Die Entgasung von Torf liefert eine vorzügliche, für metallurgische Zwecke sehr geeignete Torfkohle, aber nur mäßige Ausbeute an Ammoniak und Teer, während bei den heutigen Verfahren an Gas nichts zur freien Verwendung übrig bleibt. — Bei der Vergasung (mit Gewinnung von Nebenprodukten) erhält man gute Ausbeute an Ammoniak, Teer und Gas; das Gas hat einen mittleren Heizwert von wenigstens 1150 kcal/cbm und wird mit einem mittleren Vergasungswirkungsgrad von etwa 75,6 vH gewonnen.

Zweiter Teil.

Torfkraftwerke.

I. Grundlagen.

1. Arten der Werke.

Für die Anlage von Torfkraftwerken ergibt sich eine Fülle verschiedener Möglichkeiten; die grundsätzlichen sind zunächst:

I. Torfbeheizte Kessel mit Dampfturbinen.

II. Torfverkohlungsanlage mit Nebenproduktengewinnung. Torfkohlenbeheizte Kessel mit Dampfturbinen.

III. Torfvergasungsanlage mit Nebenproduktengewinnung
   a) gasbeheizte Kessel mit Dampfturbinen,
   b) Gasmaschinenanlage.

IV. Torfvergasungsanlage ohne Nebenproduktengewinnung
   a) gasbeheizte Kessel mit Dampfturbinen,
   b) Gasmaschinenanlage.

Aus den oben aufgeführten Wirkungsgraden für die einzelnen verschiedenen Verfahren ergibt sich, daß der mittlere Wirkungsgrad des Vergasungsverfahrens ohne Nebenproduktengewinnung dem mit solcher etwa gleich ist. Auch bei Berücksichtigung der für die Zusatzdampferzeugung aufzuwendenden Wärmemenge ohne Einrechnung der im Teer enthaltenen Wärme ergibt sich immer noch ein Wirkungsgrad von 60,0%; bei Gasmaschinenanlagen kann übrigens der größte Teil der hier nötigen Dampfmenge durch die Abgase der Maschinen erzeugt werden, so daß der Wirkungsgrad des Gasgenerators durch Erzeugung des Zusatzdampfes praktisch wenig berührt wird. Da zudem bei dem Vergasungsverfahren ohne Gewinnung von Nebenprodukten die aus diesem erzielbaren, zum Teil ziemlich hohen Einnahmen fortfallen, kommt es, als wirtschaftlich unterlegen, für große Kraftwerke nicht in Frage und scheidet somit hier für die weiteren Betrachtungen aus. —

Der Leerlauf-Wärmeverbrauch der Gasgeneratoren und damit auch ihr Wirkungsgrad bei kleiner Last sind sehr hoch; es wäre daher möglich, daß sich eine Torfvergasungsanlage mit Nebenproduktengewinnung im Betriebe wirtschaftlicher stellt, wenn man sie durchgehends mit Vollast laufen läßt, als wenn man den Generatorbetrieb der Kraftwerkbelastung anpaßt; dabei würde zwar das zur Zeit nicht gebrauchte Gas nutzlos entweichen, dafür erhielte man jedoch die Nebenprodukte stets in bester Ausbeute und in voller Menge. Dies wäre zu untersuchen. — Ebenso wäre zu prüfen, wie sich die Wirtschaftlichkeit der Anlage verhält, wenn ein Gasbehälter angeordnet ist, der bei konstantem Betrieb der Vergasungsanlage imstande ist, in Zeiten geringerer Belastung das überschüssige Gas bis zu einer gewissen Menge für den Verbrauch in den Belastungsspitzen aufzuspeichern. Hierdurch würde eine Verkleinerung der Generatoranlage erreicht. — Ein gleiches würde in erhöhtem Maße durch die andere Möglichkeit bewirkt, daß man die Generatoranlage nur für den durchgehenden Teil der Belastung baut, die Spitzenlast aber durch torfbeheizte Kessel deckt.

Bei den oben betrachteten Alternativen für die Anlage mit Nebenproduktengewinnung kann man größtenteils nicht mehr gut von „Nebenproduktenanlage" sprechen; vielmehr ist hierbei der chemische Betrieb als gleichwertig neben den Kraftbetrieb gerückt. Dadurch wird man zu der weiteren Aufgabe geführt zu untersuchen, wie sich die Wirtschaftlichkeit der ganzen Anlage stellen würde, wenn nicht, wie es zuerst geschah, die Kraftanlage als Hauptsache, die chemische Anlage als ihr Nebenbetrieb angesehen wird, sondern wenn, umgekehrt, die chemische Anlage das Hauptwerk, die Kraftanlage der Nebenbetrieb ist, oder wenn beide selbständig nebeneinander bestehen. — Zum Vergleich hiermit könnte auch die Wirtschaftlichkeit einer reinen Torfverkohlungsanlage ohne Kraftanlage betrachtet werden.

Hiernach wären folgende möglichen Fälle zu unterscheiden:

I. Kraftanlage mit torfbeheizten Kesseln und Dampfturbinen.

II. Torfverkohlungsanlage mit Nebenproduktengewinnung
   1. verbunden mit Dampfturbinen-Kraftwerk mit torfkohlebeheizten Kesseln,
   2. neben Dampfturbinen-Kraftwerk mit torfkohlebeheizten Kesseln,
   3. für sich allein.

III. Torfvergasungsanlage mit Nebenproduktengewinnung
   1. verbunden mit
      A. Dampfturbinen-Kraftwerk mit gasbeheizten Kesseln
         a) Vergasungsanlage ist für Kraftwerkhöchstlast ausgebaut und arbeitet
            aa) entsprechend dem Kraftwerksbetrieb,
            ab) dauernd mit Vollast;

b) Vergasungsanlage speist durch Gasbehälter, ist entsprechend dessen Größe kleiner als für Krafthöchstlast ausgebaut,

c) Vergasungsanlage und gasbeheizte Kessel für durchgehende Last, für Spitzenlast torfbeheizte Kessel.

B. Gaskraftwerk

a) Vergasungsanlage ist für Kraftwerkhöchstlast ausgebaut und arbeitet

aa) entsprechend dem Kraftwerksbetrieb,

ab) dauernd mit Vollast;

b) Vergasungsanlage speist durch Gasbehälter, ist entsprechend dessen Größe kleiner als für Krafthöchstlast ausgebaut,

c) Vergasungsanlage und Gasmaschinen für durchgehende Last, für Spitzenlast torfbeheizte Kessel und Dampfturbinen;

2. neben

A. Dampfturbinenkraftwerk mit gasbeheizten Kesseln

a) Vergasungsanlage ist für Kraftwerkhöchstlast ausgebaut und arbeitet

aa) entsprechend dem Kraftwerksbetrieb,

ab) dauernd mit Vollast;

b) Vergasungsanlage speist durch Gasbehälter, ist entsprechend dessen Größe kleiner als für Krafthöchstlast ausgebaut,

c) Vergasungsanlage und gasbeheizte Kessel für durchgehende Last, für Spitzenlast torfbeheizte Kessel

B. Gaskraftwerk

a) Vergasungsanlage ist für Kraftwerkhöchstlast aus gebaut und arbeitet

aa) entsprechend dem Kraftwerksbetrieb,

ab) dauernd mit Vollast;

b) Vergasungsanlage speist durch Gasbehälter, ist entsprechend dessen Größe kleiner als für Krafthöchstlast ausgebaut,

c) Vergasungsanlage und Gasmaschinen für durchgehende Last, für Spitzenlast torfbeheizte Kessel und Dampfturbinen;

3. für sich allein.

Für die verschiedenen Kraftwerke ist für verschiedene Belastungsstufen zum Vergleich festzustellen

1. der jährliche Torfverbrauch,
2. die jährlichen Betriebskosten,
   und für einzelne besonders in Betracht kommende Anlagen
3. die Selbstkosten für die erzeugte kWst.

Zunächst sollen nur die Hauptfälle behandelt werden, dagegen die Verwendung eines Gasbehälters und die gemeinsame Verwendung von Dampfturbinen und Gasmaschinen als Sonderfälle.

2. Rechnungsgrundlagen.

a) Allgemeines. Zur Ermöglichung eines einfachen Vergleichs der hier gewonnenen Ergebnisse, mit denen bei Steinkohlenanlagen sollen sich die Rechnungen zunächst tunlichst an die für Steinkohleanlagen von Klingenberg[1]) veröffentlichten anschließen. Die hier durchgeführte Erweiterung und Vertiefung der Untersuchungen dürfte wieder rückwirkend entsprechende Prüfungen für Steinkohleanlagen fördern.

Die Größe des Kraftwerkes sei zunächst auch hier so angenommen, daß eine Spitzenleistung von **100 000 kW** abgegeben werden kann. Für ein Dampfturbinenkraftwerk ist damit eine Größe erreicht, über die hinaus Ersparnisse in Anlage- und Betriebskosten kaum noch zu erwarten sind[2]). Diese Grenze dürfte sich zwar durch die neuerdings gebauten 50 000 kW-Turbodynamos in Zukunft noch etwas nach oben verschieben; indessen werden die Ersparnisse kaum allzu erheblich sein. Auch kommen für Torfkraftwerke derartige Kraftwerkleistungen, wie sie diesen Einheiten entsprechen, überhaupt nicht in Frage. — Für Kraftwerke mit Gasmaschinen liegt der Beginn der asymptotischen Näherung der Kosten an einen kleinsten Wert schon bei erheblich kleineren Werkgrößen, da die Einheiten der Gasmaschinen zur Zeit nur etwa 6000 kW betragen. Deshalb sollen die Vergleichrechnungen auch für eine Kraftwerk-Spitzenleistung von **36 000 kW** durchgeführt werden. — Bei der chemischen Anlage wird jener Punkt noch erheblich früher auftreten, wegen der kleinen Generatoreneinheit; die als wohl größten oben angegebenen haben bei 100 kg Durchsatz je Quadratmeter und Stunde einen Durchmesser von 3 m, also einen stündlichen Gesamtdurchsatz von 0,7 t/st entsprechend einer Gasmaschinenleistung von rund 540 kW; zum weiteren Vergleich soll daher noch ein kleines Werk von **5000 kW** mit Einheiten von 1000 kW durchgerechnet werden.

Als Ziel der Rechnungen ist oben die Ermittlung des jährlichen Brennstoffverbrauchs, der jährlichen Betriebskosten und gegebenenfalls

---

[1]) Klingenberg, Die Wirtschaftlichkeit von Nebenproduktenanlagen für Kraftwerke.

[2]) Vgl. auch Klingenberg, Elektrische Großwirtschaft unter staatlicher Mitwirkung. Elektrotechnische Zeitschrift 1916, S. 315.

der Werkselbstkosten für die kWst angegeben. Diese Werte sind in hohem Grade abhängig vom Belastungsfaktor des Werkes, d. h. von dem Verhältnis der mittleren Jahreslast zur Höchstlast; deshalb ist zur Erlangung eines Bildes über die Selbstkosten für jedes Werk die Brennstoff- oder Wärme-Charakteristik[1]), das ist die Abhängigkeit der im Werk verbrauchten Brennstoffmengen von den verschiedenen Belastungsstufen (mittleren Belastungen) aufzustellen und entsprechend für die Ermittlung der Erzeugungskosten der elektrischen Arbeit im Werk, die wirtschaftliche Charakteristik[2]), welche die Abhängigkeit der Erzeugungskosten vom Belastungsfaktor widergibt.

Die in die Wirtschaftlichkeitsberechnungen einzusetzenden Preise für Anlage- und Betriebskosten können zur Zeit nur die vor dem Kriege üblichen sein; sie werden sich ändern, im allgemeinen entsprechend dem Geldwert. Diese Änderung wird aber bei allen anderen neuen Werken ebenso eintreten, so daß das gegenseitige Verhältnis der Anlage- und Betriebskosten beim Vergleich im wesentlichen das gleiche bleiben dürfte, und die Vergleichsrechnung ihren Wert behält.[3])

Für den Heizwert des lufttrockenen Torfes (mit $25^0/_0$ Feuchtigkeitsgehalt) ist als vorsichtig angenommener mittlerer Wert oben 3500 kcal eingesetzt worden; damit soll hier gerechnet werden.

Der Preis des lufttrockenen Torfes ist so einzusetzen, wie er im ersten Teil in Abschnitt II unter 1b ermittelt wurde (vgl. Abb. 1, S. 24). Denn er unterliegt keinen Schwankungen des Marktes, da wegen seiner mangelnden Versandfähigkeit ein solcher für ihn nicht vorhanden ist, jedenfalls nicht bei Großerzeugung; vielmehr ist sein Preis nur bestimmt durch die Erzeugungskosten, wie sie oben berechnet wurden. Dort ergab sich aber ein sehr erheblicher Unterschied im Preise je nachdem bei der Lufttrocknung Hand- oder Maschinenbetrieb angewendet wurde; ferner für Torf aus Moor mit 85 oder mit 90 vH Feuchtigkeitsgehalt. Diese vier Preisstufen sollen sämtlich berücksichtigt werden. Für Torf aus den Kanälen usw. können sich die Preise erheblich höher stellen; deshalb ist ferner mit einem Torfpreise von 12 M/t als Grenzpreis gerechnet; und endlich zur Berücksichtigung der äußersten unteren Grenze mit einem Torfpreis von 0 M/t (wenn z. B. der Torf — etwa der beim Bau der Kanäle geförderte — besonders billig zur Verfügung gestellt wird).

Die betreffenden Wärmepreise sind ebenfalls Abb. 1 (S. 24) zu entnehmen.

b) Verkohlungsöfen, Generatoren und Nebenproduktenanlage. Bei der Einsetzung des Ertrágnisses aus den Erzeugnissen der chemi-

---

[1]) Klingenberg, Bau großer Elektrizitätswerke. Berlin 1913, Bd. 1, S. 3 und 97.

[2]) Klingenberg, ebenda S. 4 und 100.

[3]) Vergl. Vorwort.

schen Anlagen, den Nebenprodukten der Kraftwerke, sollen in gleicher Weise, wie es Klingenberg (a. a. O.) durchführte, drei Fälle berücksichtigt werden, je nachdem die Preise — deren künftige Höhe sich ja, wie oben dargelegt, nicht übersehen läßt — und die Ausbeute, die von der besonderen Art des Torfes abhängt, verschieden sind. Hier wird dabei noch zu unterscheiden sein zwischen Entgasung und Vergasung, da die Ausbeute bei den beiden Verfahren voneinander abweicht. Für die zur Herstellung des schwefelsauren Ammoniums erforderliche Schwefelsäure wird für jede Tonne Ammonsulfat eine Tonne Schwefelsäure mit 30,— M. angerechnet. Dann erhält man mit den in den vorhergehenden Abschnitten angegebenen Grenzen für die Ausbeute und bei Preisen für Teer zwischen 50 und 80 M/t, für Ammonsulfat zwischen 200 und 354 M/t:

A. Verkohlung:

Fall I: Mäßige Ausbeute, schlechte Preise:

Sulfat	0,0068 . (200 — 30) M. . . .	= 1,16 M.	31,7%
Teer	0,05 . 50 M.	= 2,50 M.	68,3%
		3,66 M.	100,0%

Fall II: gute Ausbeute, gute Preise:

Sulfat	0,0102 . (250 — 30) M. . .	= 2,24 M.	40,3%
Teer	0,05 . 65 M.	= 3,25 M.	59,7%
		5,49 M.	100,0%

Fall III: gute Ausbeute, sehr hohe Preise:

Sulfat	0,0102 . (354 — 30) M. . .	= 3,31 M.	45,3%
Teer	0,05 . 80 M.	= 4,— M.	54,7%
		7,31 M.	100,0%

B. Vergasung:

Fall I: mäßige Ausbeute, schlechte Preise:

Sulfat	0,024 . (200 — 30) M. . . .	= 4,08 M.	56,0%
Teer	0,064 . 50 M.	= 3,20 M.	44,0%
		7,28 M.	100,0%

Fall II: gute Ausbeute, gute Preise:

Sulfat	0,036 . (250 — 30) M. . . .	= 7,92 M.	65,6%
Teer	0,064 . 65 M..	= 4,16 M.	34,4%
		12,08 M.	100,0%

Fall III: gute Ausbeute, sehr hohe Preise:

Sulfat	0,036 . (354 — 30) M.. . .	= 11,67 M.	69,5%
Teer	0,064 . 80 M.	= 5,12 M.	30,5%
		16,79 M.	100,0%

Die Änderung der drei Fälle gegeneinander ist etwas anders als bei der Steinkohle, weil hier der Teer einen höheren Anteil am Erträgnis hat wegen seiner höheren Ausbeute bei der Vergasung und wegen seines höheren Preises in allen Fällen.

Die Werte für das Erträgnis erscheinen bei der Verkohlung sehr niedrig, bei der Vergasung sind sie dem Werte für Nebenprodukte aus Steinkohle fast gleich (bei Steinkohle rechnet Klingenberg: Fall I 6,44 M., Fall II 12,— M., Fall III 17,56 M.). Nun ändert sich aber das Bild sehr erheblich zugunsten des Torfes, wenn man — wie dies beim Vergleich von Brennstoffen mit verschiedenem Heizwert erforderlich ist — die Werte der Ausbeute nicht auf das Gewicht bezieht, sondern auf den Heizwert, ebenso wie das beim Preise geschah. Dann erhält man aus Brennstoff mit $7 \cdot 10^6$ kcal

bei Steinkohle-Vergasung

Fall I 6,44 M., Fall II 12,— M., Fall III 17,56 M.,

bei Torf-Verkohlung

Fall I 7,32 M., Fall II 10,98 M., Fall III 14,62 M.

bei Torf-Vergasung

Fall I 14,56 M., Fall II 24,16 M., Fall III 33,58 M.

Es lohnt sich also, die Rechnung durchzuführen.

Als Wirkungsgrad der Verkohlungsöfen und der Generatoren sind für Vollast einzusetzen für Verkohlung 65,1% bei direkter Verwertung der Torfkohle im Kraftwerk, 59,2% bei Verkauf der Torfkohle; für Vergasung ohne Gewinnung von Nebenprodukten 78,6%, für Vergasung mit Gewinnung von Nebenprodukten 75,6% (vgl. S. 60). Der Leerlaufsverbrauch der Generatoren werde (nach Klingenberg) mit 12% des Vollastverbrauches angenommen[1]).

An Zusatzdampf wird bei der Vergasung (mit Nebenprodukten) eine Menge von 1,1 kg für jedes Kilogramm lufttrockenen Torfes gebraucht, wovon (entsprechend der Annahme von Klingenberg) 0,4 kg durch die Eigenwärme der Generatorgase erzeugt werden mögen. Dann müssen in rein chemischen Betrieben und in Dampfturbinenanlagen 0,7 kg in besonderen Dampfkesseln erzeugt werden; in Gasmaschinenanlagen, bei denen durch die Eigenwärme der Abgase etwa 0,5 kg Dampf auf je 1 kg lufttrockenen Torf erzeugt werden, sind hingegen nur 0,2 kg Zusatzdampf besonders zu erzeugen. Dessen Erzeugungswärme beträgt

[1]) Vgl. auch Lynen, Wärmekraftmaschinen; in: Rziha und Seidener, Starkstromtechnik, Berlin 1909, S. 373 (Leerlaufsverbrauch etwa $^1/_8$ des Vollastverbrauchs); — und Eberle, Über die Wahl der Betriebskraft, Zeitschrift des bayerischen Revisionsvereins 1905, S. 64.

620 kcal/kg. Der Wirkungsgrad der Zusatzdampf-Erzeugungsanlage nebst Rohrleitung werde mit 75 vH angenommen bei dem großen Werk, bei den kleineren mit 73 und 72 vH.

c) **Kraftmaschinenanlage.** Die Größe der Kraftmaschinen soll für das 100 000 kW-Kraftwerk gleich jener in der wiederholt erwähnten Arbeit von Klingenberg[1]) gewählt werden: Leistung der Dampfturbinen je etwa 20 000 kW, der Gasmaschinen je etwa 6000 kW. Für das Kraftwerk von 36 000 kW Spitzenleistung soll mit Dampfturbineneinheiten von 7500 kW, Gasmaschineneinheiten von 6000 kW gerechnet werden, für das 5000 kW-Werk mit Einheiten von 1000 kW.

An Reserve werden 25% für das Dampfturbinenwerk, 35% für das Gasmaschinenwerk angesetzt, entsprechend dem erheblich höheren Reparaturbedürfnis bei den letztgenannten Werken. Auch bei dem 36 000 kW-Werk genügt die gleiche Reserve für beide Werke, während für das Werk von 5000 kW durchweg eine Reserve von 40% erforderlich ist[2]); hier kann sie aber für beide Werkarten gleich groß sein.

Der Wärmeverbrauch der Dampfturbinen sowie der Kesselwirkungsgrad sind für das 100 000 kW-Werk ebenfalls der Arbeit von Klingenberg entnommen. Für die Dampfturbinen und Kessel der beiden kleineren Werke finden sich in einer anderen Arbeit desselben Verfassers[3]) Angaben, welche die Abhängigkeit des Wärmeverbrauchs von der Größe des Maschinensatzes erkennen lassen. Den Wärmeverbrauch der Gasmaschinen setzt Klingenberg — in dem Bestreben, die Gasmaschinenanlage nicht zu ungünstig abschneiden zu lassen — gegenüber den Betriebsergebnissen bestehender Anlagen etwas zu günstig ein; jedoch werde dieser Wert des guten Vergleiches wegen beibehalten, zumal anzunehmen ist, daß er durch neuerdings angeordnete Verbesserungen in der Tat erreicht werden wird. — Der Wärmeverbrauch der 1000 kW-Gasmaschinen wurde entsprechend eingesetzt, unter Benutzung von Angaben von Lynen[4]).

Damit ergibt sich folgende Zusammenstellung:

---

[1]) Klingenberg, Die Wirtschaftlichkeit von Nebenproduktenanlagen für Kraftwerke.

[2]) Klingenberg, Elektrizitätsversorgung der Großstädte. ETZ, 1914, S. 121.

[3]) Klingenberg, Bau großer Elektrizitätswerke. I. Teil. S. 68.

[4]) Lynen, Wärmekraftmaschinen; in: Rziha und Seidener, Starkstromtechnik. Berlin 1909, S. 434.

	Fall		
	I und II	III A	III B
	Dampfturbinen mit		
	torf- oder torfkohlen-gefeuerten Kesseln	gas-gefeuerten Kesseln	Gas-maschinen
Spitzenleistung des Kraftwerkes kW		100 000	
Ausgebaute Leistung des Kraftwerkes kW	125 000	125 000	135 000
Anzahl der Maschinen	6	6	22
Leistung einer Maschine kW	20 800	20 800	6 100
Wärmeverbrauch der Maschine allein bei Vollast kcal/kWst	3 960	3 960	3 250
Zuschlag für Hilfsbetriebe usw. vH	10	10	10
Wärmeverbrauch der Maschine nebst Hilfsbetrieben bei Vollast kcal/kWst	4 360	4 360	3 570
Leerlaufsverbrauch der Maschine in vH des Vollastverbrauches vH	13	13	45
Kesselwirkungsgrad bei Vollast vH	79	81	—
Leerlaufsverbrauch des Kessels in vH des Vollastverbrauchs vH	10	8	—
Wärmeverlust der Rohrleitungen in vH des Vollastverbrauchs vH	1	1	—
Gesamtwärmeverbrauch einer Maschine mit Zubehör einschl. aller Verluste kcal/kWst	5 580	5 450	3 570
Wirkungsgrad der Verkohlungsöfen bei Vollast vH	65,1 (59,2)	—	—
Wirkungsgrad der Gasgeneratoren (mit Nebenprodukten) bei Vollast vH	—	75,6	75,6
Leerlaufsverbrauch der Gasgeneratoren in vH des Vollastverbrauchs vH	—	12	12
Zusatzdampf aus besonderem Dampfkessel auf 1 kg Torf kg	—	0,7	0,2
Wirkungsgrad der Zusatzdampferzeugung vH	—	75	75
Erzeugungswärme des Zusatzdampfes kcal/kg	—	620	620

II. Hauptfälle.

1. Brennstoffverbrauch.

Der Wärme- und damit der Brennstoffverbrauch wurde nach Klingenberg[1]) unter der Annahme berechnet, daß der Wärmeverbrauch der Kraftmaschinen proportional der Belastung ansteigt.

[1]) Klingenberg, Die Wirtschaftlichkeit von Nebenproduktenanlagen für Kraftwerke. — Derselbe, Bau großer Elektrizitätswerke. Bd. 1, S. 66 ff. — Derselbe, Elektrische Großwirtschaft unter staatlicher Mitwirkung. ETZ 1916, S. 314.

Fall					
I und II	III A	III B	I und II	III A	III B
Dampfturbinen mit			Dampfturbinen mit		
torf- oder torfkohlen-gefeuerten Kesseln	gas-gefeuerten Kesseln	Gas-maschine	torf- oder torfkohlen-gefeuerten Kesseln	gas-gefeuerten Kesseln	Gas-maschine
	36 000			5 000	
45 000 6 7 500	45 000 6 7 500	48 000 8 6 000	7 000 7 1 000	7 000 7 1 000	7 000 7 1 000
4 270 10	4 270 10	3 250 10	5 180 12	5 180 12	3 660 12
4 700	4 700	3 570	5 800	5 800	4 100
16 77	16 79	45 —	20 76	20 78	47 —
11	9	—	12	10	—
1	1	—	1,5	1,5	—
6 180	6 020	3 570	7 790	7 580	4 100
65,1 (59,2)	—	—	65,1 (59,2)	—	—
—	75,6	75,6	—	75,6	75,6
—	12	12	—	12	12
—	0,7	0,2	—	0,7	0,2
—	73	73	—	72	72
—	620	620	—	620	620

Ist

a der stündliche Leerlaufswärme- bzw. Brennstoffverbrauch einer Maschine in kcal/st bzw. kg/st,

b der zusätzliche stündliche Wärme- bzw. Brennstoffverbrauch einer Maschine in kcal/st bzw. kg/st bei Vollast,

c der stündliche Leerlaufswärme- bzw. Brennstoffverbrauch der auf eine Maschine entfallenden Gasgeneratoren in kcal/st bzw. kg/st bei ruhenden Kraftmaschinen, so wird der stündliche Wärme- bzw. Brennstoffverbrauch einer Maschine bei der mittleren jährlichen Werkbelastung L_m in einem Werke mit kohlegefeuerten Kesseln

$$w = a + b_m,$$

in einem Werke mit Gasgeneratoren

$$w = c + a + b_m.$$

Der Betrieb ist nun so gedacht, daß die Dampfkessel zusammen mit den zugehörigen Kraftmaschinen entsprechend der zeitweiligen Belastung in und außer Betrieb gesetzt werden. Bei den Gasgeneratoren dagegen wird angenommen, daß sie wegen der Schwierigkeiten des In- und Außergangsetzens im allgemeinen dauernd unter Feuer sind, daß also der Leerlaufsverbrauch sämtlicher Gasgeneratoren das Werk während des ganzen Jahres belastet; andererseits wird weiterhin auch angenommen, daß die während des Leerlaufs durchgesetzte Brennstoffmenge die volle prozentuale Ausbeute an Nebenprodukten liefert. — Die Verkohlungsöfen, bei denen das erzeugte Gas bisher ja nur für die Verkohlung selbst verwertet werden kann, arbeiten mit voller Last hintereinander. Die erzeugte Torfkohle wird, wie jede andere Kohle, bis zum Gebrauch auf Lager genommen; der Torfverbrauch entspricht also dem bei torfgefeuerten Kesseln, unter Berücksichtigung des Wirkungsgrades der Verkohlung.

Bedeutet dann weiterhin:

z die Anzahl der aufgestellten Maschinen,

t die mittlere jährliche Betriebszeit einer Maschine,

$A = a \,.\, z \,.\, 8760$ den Wärme- bzw. Brennstoffverbrauch, wenn sämtliche Maschinen das ganze Jahr hindurch leer laufen, in kcal bzw. kg,

$B = b \,.\, z \,.\, 8760$ den jährlichen zusätzlichen Wärme- bzw. Brennstoffverbrauch aller Maschinen bei Vollast in kcal bzw. kg,

$C = c \,.\, z \,.\, 8760$ den jährlichen Wärme- bzw. Brennstoffverbrauch aller Generatoren bei Leerlauf und bei ruhenden Kraftmaschinen in kcal bzw. kg,

so erhält man den jährlichen Wärme- bzw. Brennstoffverbrauch eines ganzen Werkes

bei kohlegefeuerten Kesseln

$$W_x = (a \,.\, zt + b_m \,.\, z \,.\, 8760) \text{ kcal bzw. kg},$$

bei Gasgeneratoren

$$W_x = (C + a \,.\, zt + b_m \,.\, z \,.\, 8760) \text{ kcal bzw. kg}.$$

Unter Einführung der Bezeichnungen (Klingenberg, a. a. O.)

n für den Ausnutzungsfaktor des Werkes,

$$n = \frac{\text{mittlere jährliche Nutzleistung des Werkes in kW}}{\text{ausgebaute Gesamtleistung des Werkes in kW}}$$

$$= \frac{L_m}{L}\,^{1)},$$

f für den Betriebszeitfaktor des Werkes

$$f = \frac{\text{Gesamtbetriebszeit aller Maschinen in st}}{\text{höchstmögliche Betriebszeit aller Maschinen in st}}$$

$$= \frac{z\,t}{z\,.\,8760} = \frac{t}{8760}$$

ergibt sich der jährliche Wärme- bzw. Brennstoffverbrauch zu

$$W_x = (Af + Bn) \text{ kcal bzw. kg, und}$$

$$W_x = (C + Af + Bn) \text{ kcal bzw. kg.}$$

Wie bei Klingenberg a. a. O. ist bei Einsetzung des Betriebszeitfaktors, dessen größter Wert 1, dessen kleinster n ist, die Annahme gemacht, daß eine weitere Turbine jeweils dann zugeschaltet wird, wenn die zuvor in Betrieb gesetzte mit 80 vH belastet ist, oder daß die nächste Gasmaschine angelassen wird, wenn die in Betrieb befindlichen mit 90 vH ihrer Normalleistung laufen. Dabei ergibt sich ein etwa linearer Zusammenhang zwischen n und f.

Bei der Rechnung für die Gasmaschinenanlage (Fall III B) ist zu beachten, daß bei Leerlauf und bei geringer Belastung die Abgase der Maschinen nicht mehr ausreichen, um für die sämtlichen Gasgeneratoren, die ja dauernd unter Feuer sind, den größten Teil des nötigen Dampfes für die Gasgeneratoren zu liefern. Diese Dampfmenge, 0,7 kg für jedes Kilogramm durchgesetzten Torfes, muß vielmehr bei kleiner Last fast völlig in den torfgefeuerten Kesseln für den Zusatzdampf erzeugt werden, jedoch abzüglich der Dampfmenge, die durch die Abgase der laufenden Gasmaschinen erzeugt wird: 0,5 kg Dampf für je 1 kg des für den Lauf der Gasmaschinen verbrauchten Torfes.

Das Ergebnis der Berechnungen ist in den Abbildungen 4a und 4b wiedergegeben, in denen der jährliche Torfverbrauch der verschiedenen Werke in Abhängigkeit von dem Belastungsfaktor und damit in Abhängigkeit von der mittleren jährlichen Nutzleistung des Werkes dargestellt ist.

---

1) Der Belastungsfaktor des Werkes ist

$$m = \frac{\text{mittlere jährliche Nutzleistung des Werkes in kW}}{\text{Spitzenbelastung des Werkes in kW}} = \frac{L_m}{S},$$

der Reservefaktor des Werkes

$$r = \frac{\text{ausgebaute Gesamtleistung des Werkes in kW}}{\text{Spitzenbelastung des Werkes in kW}} = \frac{L}{S}\left(= \frac{m}{n}\right).$$

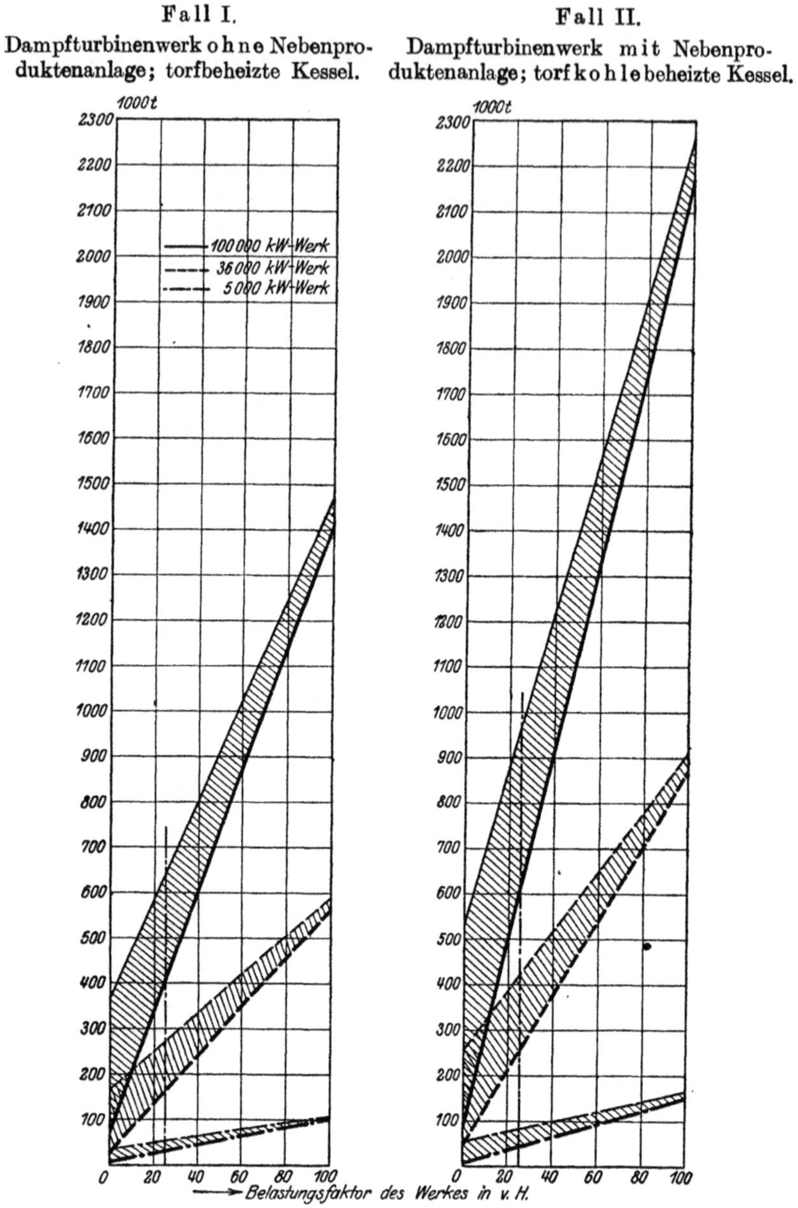

Abb. 4a. Jährlicher Torfverbrauch (Heizwert 3500 kcal).

Der Einfluß des Betriebszeitfaktors ist in den rechtsschraffierten Flächen zum Ausdruck gebracht. Dabei wird im Falle III B sichtbar, wie dieser Einfluß bei einer großen Zahl von Maschinen verhältnismäßig

Fall III A.

Dampfturbinenwerk mit Nebenproduktenanlage; torf g a s beheizte Kessel.

Fall III B.

Gasmaschinenwerk mit Nebenproduktenanlage.

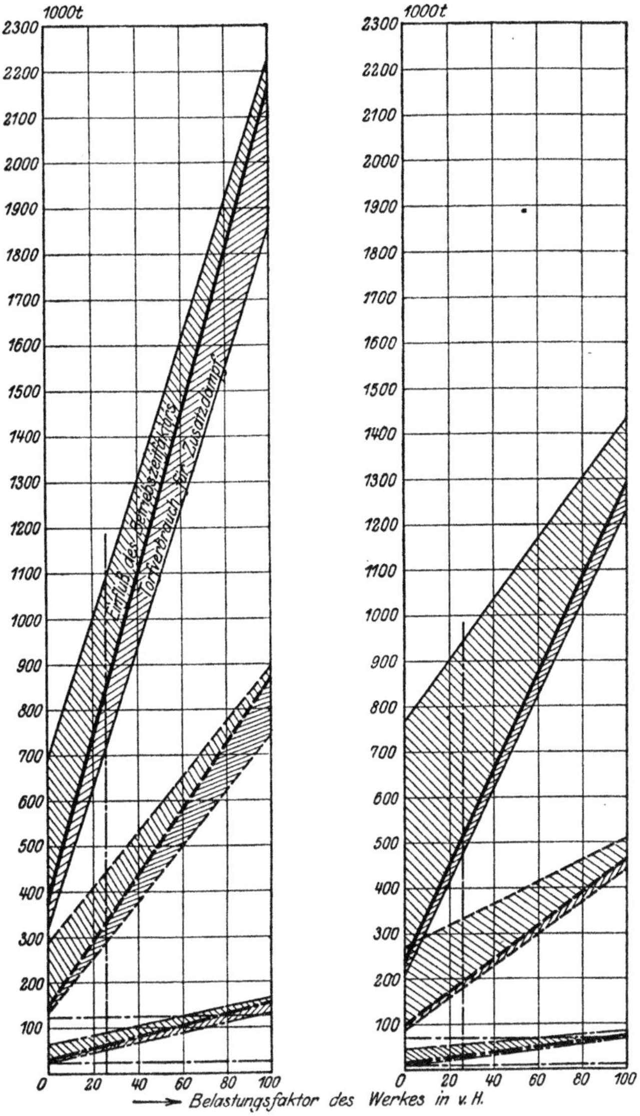

Abb. 4b. Jährlicher Torfverbrauch (Heizwert 3500 kcal).

größer ist als bei einer kleinen Zahl: bei dem 100 000 kW-Werk mit 22 Maschinen ist er um etwa 20 vH größer als bei dem 36 000 kW-Werk mit nur 6 Maschinen.

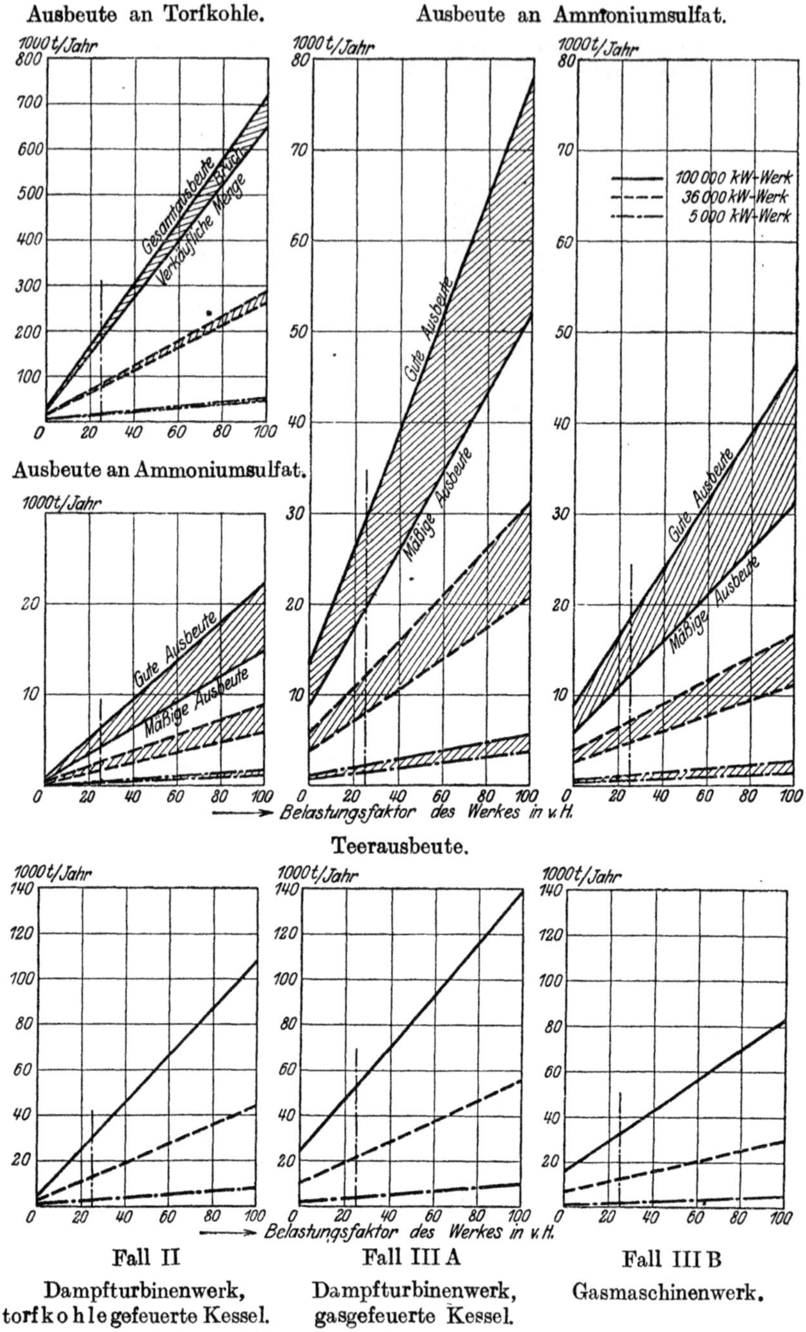

Abb. 5. Jährliche Ausbeute an Nebenprodukten.

Um über die Menge der in den verschiedenen Werken erzeugten Nebenprodukte ein Bild zu geben, ist Abb. 5 gezeichnet.

Das Verhältnis des Torfverbrauchs in den verschiedenen Werken von je gleicher Größe ergibt sich aus Abb. 6. Der Brennstoffverbrauch in Dampfturbinenwerken mit torfkohlegefeuerten Kesseln und Nebenproduktenanlage (Fall II) ist naturgemäß bei allen Belastungsstufen im umgekehrten Verhältnis zum Wirkungsgrad der Verkohlungsanlage größer als in Dampfturbinen ohne Nebenproduktenanlage mit torf-

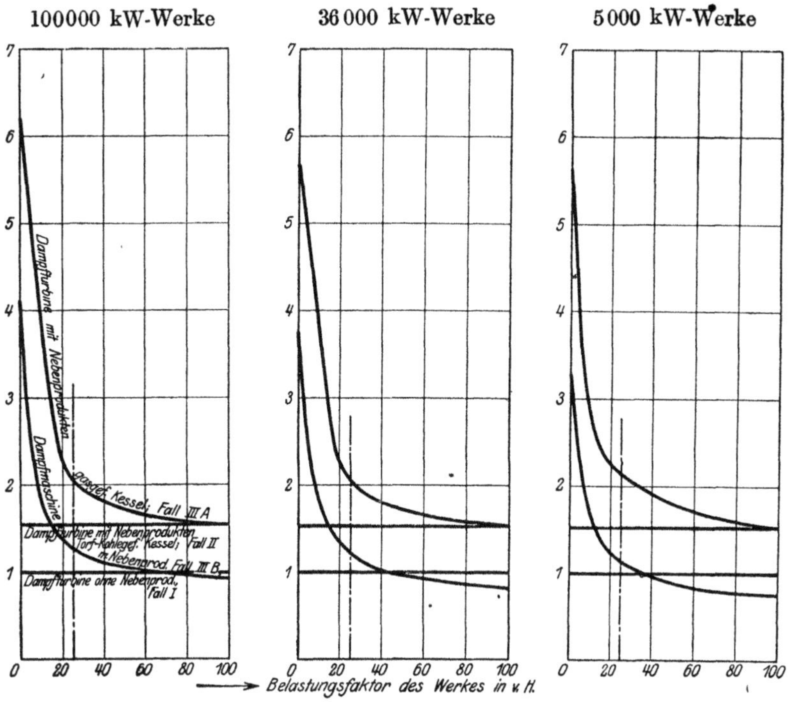

Abb. 6. Torfverbrauch der verschiedenen Betriebsarten im Verhältnis zu dem des Dampfturbinenkraftwerkes ohne Nebenproduktenanlage (mit torfgefeuerten Kesseln).

gefeuerten Kesseln (Fall I). Bei Dampfturbinenwerken mit Nebenproduktenanlage und gasgefeuerten Kesseln (Fall IIIa) könnte nur bei voller Belastung aller Maschinen (also einschließlich der Reserven) der Brennstoffverbrauch im umgekehrten Verhältnis zum Vergasungswirkungsgrad größer sein als bei Dampfturbinenwerken ohne Nebenproduktenanlage mit torfgefeuerten Kesseln (Fall I), jedoch unter Berücksichtigung des Mehrverbrauchs, der durch die Erzeugung des Zusatzdampfes bedingt ist. Bei allen niedrigeren Belastungsstufen steigt das Verhältnis des Brennstoffverbrauchs erheblich infolge des verhältnismäßig hohen Verbrauches der sämtlichen in Brand gehaltenen Gasgeneratoren.

— Der Brennstoffverbrauch in Gasmaschinenwerken mit Nebenproduktenanlage (Fall III B) ist im Verhältnis des geringeren Wärmeverbrauchs der Gasmaschine zur Dampfturbine kleiner als bei Dampfturbinenwerken mit Nebenproduktenanlage und gasgefeuerten Kesseln (Fall III A); jedoch ist ferner noch der Minderverbrauch an Wärme wegen der geringeren besonders zu erzeugenden Menge an Zusatzdampf in Abzug zu bringen.

Es zeigt sich, daß in bezug auf Torfverbrauch die Dampfturbinenwerke ohne Nebenproduktenanlage mit torfgefeuerten Kesseln (Fall I) Dampfturbinenwerken mit Nebenproduktenanlagen sowohl bei Torfkohle — wie bei gasgefeuerten Kesseln (Fall II und III A) naturgemäß überlegen sind. Sie sind es auch den Gasmaschinenwerken mit Nebenproduktenanlage (Fall III B) gegenüber für geringere Belastungen; bei höheren Belastungen kehrt sich das Verhältnis um. Die Lage dieses Umkehrpunktes ist verschieden bei Werken verschiedener Größe, oder besser: bei Werken mit Maschinen verschiedener Größe und hängt ab von dem Verhältnis des Wärmeverbrauchs der Maschinen; je kleiner der Wärmeverbrauch für die kWst bei der Gasmaschine im Verhältnis zu dem der Dampfturbine ist, bei desto kleineren Belastungen tritt die Überlegenheit der Gasmaschinenanlage ein. Bei dem heutigen mittleren Belastungsfaktor für Einzelwerke von 0,25—0,35 weist indessen die Dampfturbinenanlage ohne Nebenprodukte mit torfgefeuerten Kesseln in Werken der hier betrachteten Größen, von 100 000 bis herab zu 5000 kW Leistung, den geringsten Brennstoffverbrauch auf. — Bei einem Vergleich des Brennstoffverbrauchs von Werken mit Nebenproduktenanlage schneidet die Gasmaschinenanlage am günstigsten ab; nur bei einem Belastungsfaktor von weniger als 15% ist die Dampfturbinenanlage mit torfkohlegefeuerten Kesseln überlegen.

Jedoch ist nicht der Brennstoffverbrauch maßgebend für die Beurteilung, sondern in erster Reihe die Wirtschaftlichkeit.

2. Anlage- und Betriebskosten.

Die Anlagekosten von Dampfturbinenkraftwerken gibt Klingenberg[1]) an mit 300,—, 200,— und 150,— M. für jedes ausgebaute kW für Werke mit Einheiten von 1000, 3000—5000 und 15 000—20 000 kW; hierzu kommt noch ein Zuschlag von je 30 M/kW für Grundstückerwerb, Schwierigkeiten der Wasserversorgung und Brennstoffzufuhr. — Bei Torfkraftwerken werden sich bei der Wasserversorgung keine Schwierigkeiten ergeben; die Kosten für die Moorentwässerungskanäle usw. gehen nicht zu Lasten des Kraftwerkes. Auch die Brennstoffzufuhr wird keine besonderen Ausgaben verursachen; überdies ist sie großenteils in der Torfgewinnungsanlage schon ein-

[1]) Klingenberg, Elektrische Großwirtschaft unter staatlicher Mitwirkung. ETZ 1916, S. 315.

gerechnet. Dagegen kann die Anlage der Wege kostspieliger sein als gewöhnlich; auch werden die Torfförderung, die Torffeuerung, die Kessel und die Rohrleitungen Sonderkosten verursachen. Die Kosten für die Gründungen dürften nicht höher als gewöhnlich werden, da der Mooruntergrund in der Regel guter Sandboden ist. Alles in allem erscheint also auch bei Torfkraftwerken ein fester Zuschlag von 30 M/kW berechtigt. Danach wird hier eingesetzt:

bei dem 100 000 kW-Werk 180,— M.
„ „ 36 000 kW-Werk 200,— M.
„ „ 5 000 kW-Werk 330,— M.

für jedes ausgebaute kW.

Bei Dampfturbinenwerken mit Nebenproduktenanlagen und gasgefeuerten Kesseln ermäßigen sich die Kosten etwas[1]), weil die Kohlenförderanlage im Kesselhaus fortfällt. Sie ist dafür bei der Gasgeneratorenanlage einzurechnen. Es wird gerechnet mit 170, 190, 310 M/kW.

Für Gasmaschinenkraftwerke werden Anlagekosten von 210—320 M. für das kW ausgebauter Leistung ohne Grundstückerwerb, oder das 1,5fache von denen der Dampfturbinenwerke angegeben[2]). Unter der Annahme von Maschinen neuester Bauart kann mit dem unteren Werte von 210 M. für die Anlagen mit 6000 kW-Einheiten gerechnet werden. Bei den Anlagen mit 1000 kW-Einheiten ist entsprechend dem verhältnismäßig größeren Platzbedarf und Maschinengewicht[3]) ein höherer Wert, 410 M/kW einzusetzen. In beiden Fällen muß wieder für den Grundstückerwerb usw. ein Zuschlag gemacht werden. Die Gasmaschinen haben einen sehr erheblich größeren Platzbedarf als die Dampfturbinen; dafür fallen aber die Kesselanlagen fort, so daß der Platzbedarf des ganzen Kraftwerks (ausschließlich der Gasgeneratoren) bei beiden Typen praktisch etwa gleich ist. Deshalb wird auch hier der gleiche Zuschlag von 30 M/kW eingesetzt, so daß sich die Kosten bei dem 100 000 kW-Werk und bei dem 36 000 kW-Werk auf 240 M., bei dem 5000 kW-Werk auf 440 M. für das ausgebaute kW stellen (diese Werte stimmen gut zu einem früher vom Verf. ausführlicher durchgerechneten Projekt für ein Kraftwerk mit 3000 PS (ca. 2100 kW)-Gasmaschinen).

Die Kosten der Gasgeneratoranlage einschließlich der Anlagen zur Gewinnung der Nebenprodukte berechnen sich nach den Angaben von Klingenberg[4]) auf 15,5 M. für die Tonne jährlich durchgesetzter

[1]) Vgl. Klingenberg, Die Wirtschaftlichkeit von Nebenproduktenanlagen für Kraftwerke.

[2]) Rummel, Die Gaswirtschaft auf Eisenhüttenwerken. Zeitschrift des Vereins deutscher Ingenieure 1914, S. 1157.

[3]) Lynen, a. a. O. S. 429.

[4]) Klingenberg, Die Wirtschaftlichkeit von Nebenproduktenanlagen für Kraftwerke.

Steinkohle, bei einer Zusatzdampfmenge von 1,4 kg Kohle, und auf 15,2 M/t bei 0,4 kg Zusatzdampf. Selbstverständlich ist auch hier die ausgebaute Leistung einzusetzen, d. h. es sind auch die zu den Reservemaschinen gehörigen Reservegeneratoren einzurechnen. — Die Kosten der Anlagen für Torfgeneratoren sind gleich groß einzusetzen wie für jene Steinkohlengeneratoren, unter Berücksichtigung des geringeren Dampfverbrauchs. Es ist also zu rechnen mit 15,35 M/t bei der Dampfturbinenanlage (Fall III A) und mit 15,15 M/t bei der Gasmaschinenanlage (Fall III B).

Die Verkohlungsanlage an sich stellt sich etwas teurer als die Generatoranlage, doch fällt die Dampferzeugungsanlage ganz fort. Es werde gerechnet mit 16,50 M. für die Tonne jährlichen Durchsatz. Jedoch ist zu beachten, daß die Verkohlungsanlage nur so groß zu sein braucht, daß sie diejenige Torfkohlenmenge im Jahr liefern kann, die bei dem für das Werk in Betracht kommenden Belastungsfaktor gebraucht wird; ihre Größe ist daher eine andere für jeden Belastungsfaktor und diesem proportional. Wegen der Unsicherheit bei dessen Vorausbestimmung, besonders bei kleineren Werten, wird indessen in der Bemessung der Verkohlungsanlage eine Reserve einzusetzen sein, die für alle Größen gleich der bei vollem Ausbau, — Belastungsfaktor 1 — gewählt wurde, d. h. 25% (bei dem 5000 kW-Werk 40%) der Normalleistung des Werkes. In der folgenden Zusammenstellung sind nur die Kosten für vollen Ausbau aufgenommen.

Damit erhält man die Anlagekosten in Millionen Mark

	Dampfturbinen ohne Nebenproduktenanlage	Dampfturbinen mit Nebenproduktenanlage: Verkohlung	Dampfturbinen mit Nebenproduktenanlage: Vergasung	Gasmaschinen mit Nebenproduktenanlage
Fall	I	II	III A	III B
für die 100000 kW-Werke:				
Maschinen- und Kesselanlage .	22,5	22,5	21,2	32,4
Nebenproduktenanlage nebst Generatoren und Zusatzdampfanlage	—	44,2	40,0	25,2
Gesamte Anlagekosten	22,5	66,7	61,2	57,6
für die 36000 kW-Werke:				
Maschinen- und Kesselanlage .	9,00	9,00	8,54	11,53
Nebenproduktenanlage usw. .	—	17,70	16,04	9,00
Gesamte Anlagekosten	9,00	26,70	24,58	20,53

Fall	Dampfturbinen ohne Nebenproduktenanlage I	Dampfturbinen mit Nebenproduktenanlage Verkohlung II	Dampfturbinen mit Nebenproduktenanlage Vergasung III A	Gasmaschinen mit Nebenproduktenanlage III B
für die 5000 kW-Werke:				
Maschinen- und Kesselanlage .	2,31	2,31	2,17	3,08
Nebenproduktenanlage usw. .	—	3,47	3,14	1,46
Gesamte Anlagekosten	2,31	5,78	5,31	4,54

Bei dem Vergleich der Anlagekosten der 100000 kW-Torfwerke, mit gleich großen Steinkohlewerken[1]) zeigt es sich, daß die Torfanlagen mit Nebenproduktengewinnung etwa 25—45% teurer sind, als die entsprechenden Steinkohleanlagen. Dies kommt daher, weil der Torfverbrauch — entsprechend seiner geringeren Heizkraft — etwa das Doppelte des Steinkohlenverbrauches beträgt; demgemäß muß die Generatoranlage ebenfalls etwa doppelt so groß sein, wie die Steinkohlenanlage. Die Anlagekosten für die Anlagen mit Nebenproduktengewinnung werden dadurch bei den 100 000 kW-Werken rund dreimal, bei den 36 000 kW-Werken zwei- bis dreimal, bei den 5000 kW-Werken etwa doppelt so groß, wie bei der einfachen Dampfturbinenanlage mit torfgefeuerten Kesseln. Am teuersten werden die Anlagen mit Torfverkohlungsanlage.

Verzinsung und Abschreibung werden zusammen mit 12 vH, also sehr reichlich, eingesetzt[1]).

Die Kosten für Schmier- und Kleinmaterial, Personal und Reparaturen werden verschieden und verschiedenartig angegeben. Stauber[2]) setzt für die Schmierung bei Dampfturbinen 0,015 Pf/kWst, bei Gasmaschinen 0,120 Pf/kWst, für Reparaturen 0,5 vH der Anlagekosten bei Dampfturbinen, 2 vH bei Gasmaschinen. — Lynen[3]) gibt an, daß Dampfturbinen von 100 bis 1500 PS an Schmieröl 0,5—0,1 g/PSst gebrauchen, Gasmaschinen 1—1,25 g/PSst Zylinderöl und 0,1—0,125 PSst Schmieröl. Bei einem Preise von 35 M/100 kg für Schmieröl und 60 M/100 kg für Zylinderöl würde dies 0,005 Pf/kWst bei großen Dampfturbinen und 0,095 bei großen Gasmaschinen entsprechen. — Klingenberg setzt an einer Stelle[4]) ein 0,30 M/kW/Jahr für Kleinmaterial, Wasser, Steuern usw., 3,00 M/kW/Jahr für Personalkosten und 1 vH der Anlage-

[1]) Klingenberg, Die Wirtschaftlichkeit von Nebenprodukten für Kraftwerke.

[2]) Stauber, Stahl und Eisen. 1913, S. 1345.

[3]) Lynen, a. a. O. S. 417 und 435.

[4]) Klingenberg, Bau großer Elektrizitätswerke, I. Teil.

kosten für Reparaturen; an anderer Stelle[1]) rechnet er für Vollast bei einem 100 000 kW-Werk mit folgenden Werten:

Art des Werkes	Dampfturbinenwerk ohne Nebenproduktengewinnung	Dampfturbinenwerk mit Nebenproduktengewinnung	Gasmaschinenwerk
Größe der Einheiten	20 800	20 800	6 100
Kosten für Schmierung und Putzmittel Pf/kWst	0,015	0,015	0,100
Gehälter und Löhne für die Maschinenanlagen Pf/kWst	0,15	0,10	0,15
Gehälter und Löhne für die Gasanlage (bezogen auf 1 t durchgesetzte Kohle M/t	—	1,30	1,30
Reparaturkosten für die Maschinen vH	1,0	1,0	2,5
Reparaturkosten für die Generatoren vH	—	2,5	2,5

Für andere Belastungen werden Teilwerte eingesetzt unter der Voraussetzung, daß diese linear mit dem Ausnutzungsfaktor abnehmen bis auf einen dem Leerlauf des Werkes entsprechenden Betrag.

Diese letztgenannte Berechnungsart ist zweifellos die den tatsächlichen Verhältnissen am besten angepaßte. Sie ist deshalb auch hier gewählt worden, wie auch die angegebenen Zahlenwerte; für die kleineren Werke wurden folgende Zahlen eingesetzt:

Art des Werkes	Dampfturbinenwerk ohne Nebenproduktengewinnung		Dampfturbinenwerk mit Nebenproduktengewinnung		Gasmaschinenwerk mit Nebenprodukten	
Größe des Werkes kW	36 000	5 000	36 000	5 000	36 000	5 000
Größe der Maschinensätze kW	7 500	1 000	7 500	1 000	6 000	1 000
Kosten für Schmierung und Putzmittel Pf/kWst	0,018	0,03	0,018	0,03	0,100	0,17
Gehälter und Löhne für die Maschinenanlage Pf/kWst	0,18	0,3	0,12	0,20	0,15	0,25
Gehälter und Löhne für die Gasanlage (bezogen auf 1 t Durchsatz) M/t	—	—	1,30	1,30	1,30	1,30
Reparaturkosten für die Maschinen vH	1,0	1,0	1,0	1,0	2,5	2,5
Reparaturkosten für die Generatoren vH	—	—	2,5	2,5	2,5	2,5

[1]) Klingenberg, Die Wirtschaftlichkeit von Nebenproduktenanlagen für Kraftwerke.

Die Brennstoffpreise sind für den jeder mittleren jährlichen Belastung (Belastungsfaktor) entsprechenden Torfverbrauch aus Abb. 1 zu entnehmen; es wurde — wie bereits oben erwähnt — mit allen vier

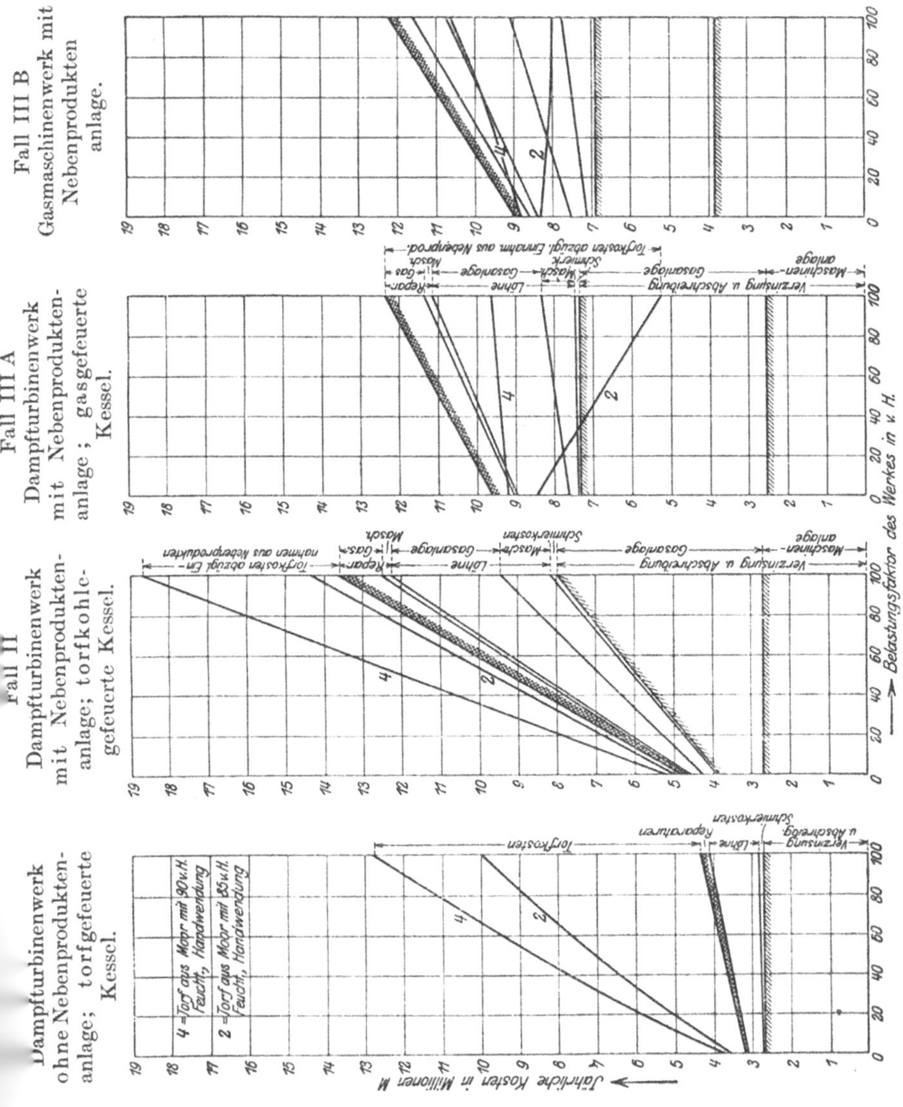

Abb. 7. Vergleich der jährlichen Betriebskosten. 100000 kW-Werke. — Mäßige Ausbeute, schlechte Preise.

dort angegebenen Werten gerechnet. Um zugleich den Einfluß des Brennstoffpreises bis zu den äußersten oberen und unteren Preisgrenzen zu zeigen, wurde außerdem als niedrigster Torfpreis 0 M/t und als höchster

— für alle Förderungen gleicher — Preis von 12 M. für die Tonne lufttrockenen Torf eingesetzt. Dieses ist ein Preis, der selbst bei allerkleinsteт und unwirtschaftlichstem Betrieb bei normal entwässertem Moor kaum

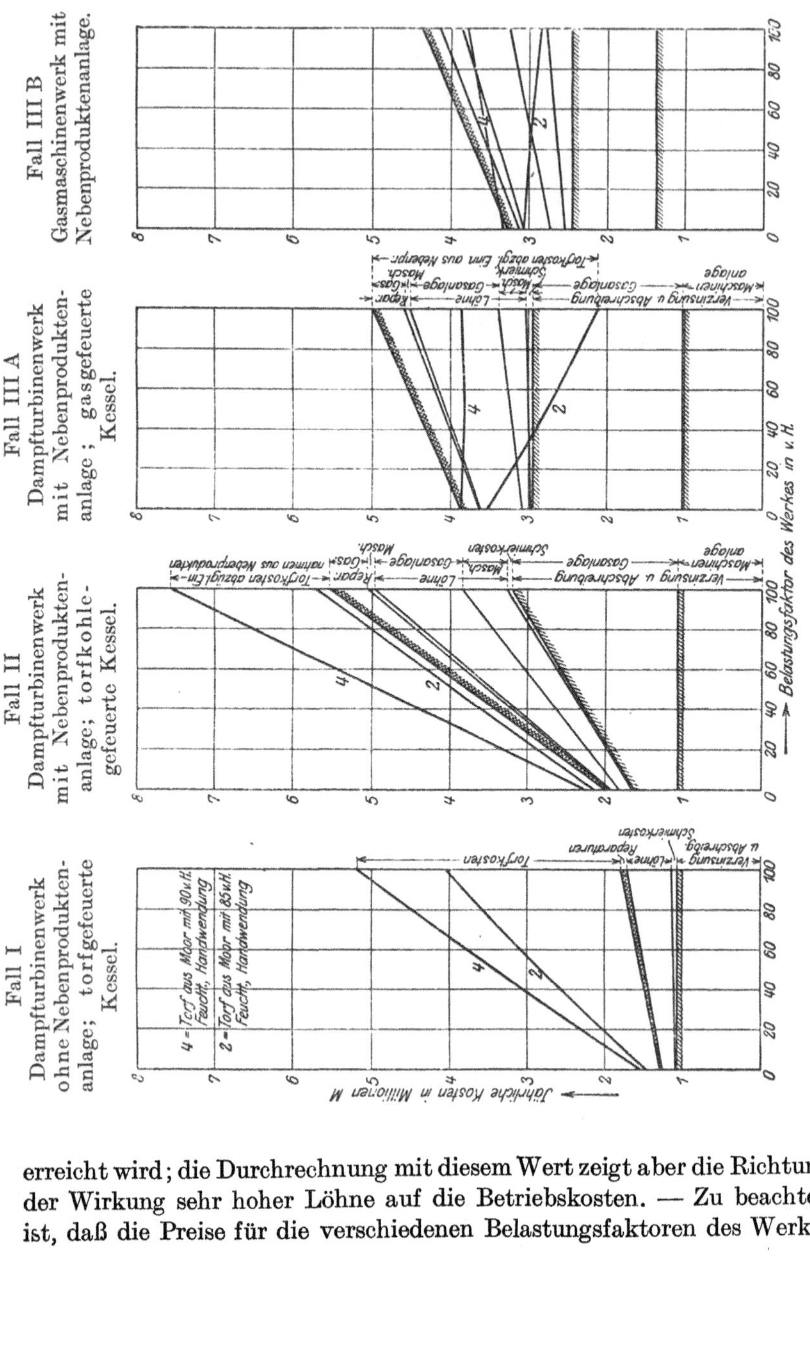

Abb. 8. Vergleich der jährlichen Betriebskosten. 36000 kW-Werk. — Mäßige Ausbeute, schlechte Preise.

erreicht wird; die Durchrechnung mit diesem Wert zeigt aber die Richtung der Wirkung sehr hoher Löhne auf die Betriebskosten. — Zu beachten ist, daß die Preise für die verschiedenen Belastungsfaktoren des Werkes entsprechend den im Jahre gebrauchten verschiedenen Torfmengen verschiedene sind. Dadurch ergibt sich für die Betriebskosten bei ver-

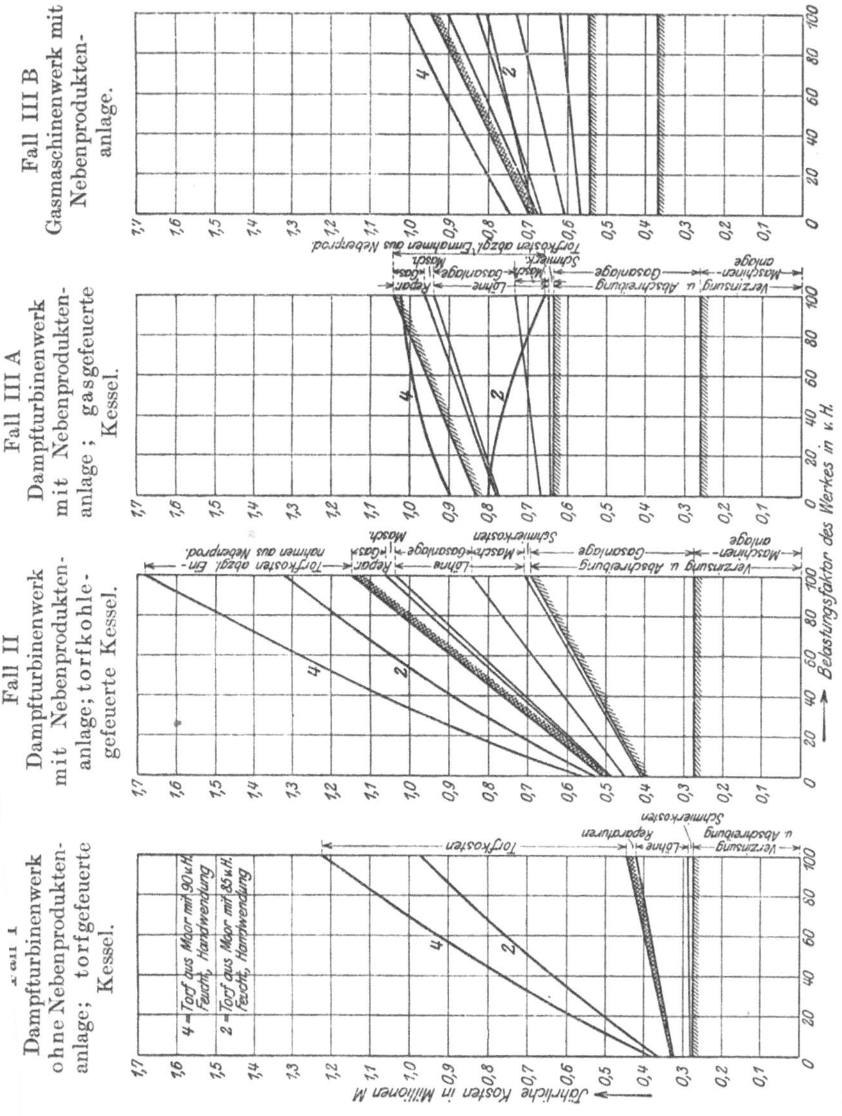

Abb. 9. Vergleich der jährlichen Betriebskosten. 5000 kW-Werk. — Mäßige Ausbeute, schlechte Preise.

änderlichem Werk-Belastungsfaktor kein linearer Anstieg; die zeichnerische Darstellung zeigt bei niedrigen Belastungen statt gerader, mehr oder weniger gekrümmte Linien.

In den Abb. 7, 8 und 9 sind je die Betriebskosten — getrennt nach Einzelkosten — für die verschiedenartigen Werke gleicher Größe zum Vergleich nebeneinandergestellt. Hierbei sind die Brennstoffkosten nur für Torf aus Moor mit 85% und mit 90% Feuchtigkeit bei Handwendung eingesetzt, sowie Einnahmen aus den Nebenprodukten bei mäßiger Ausbeute und schlechten Preisen. Es zeigt sich, daß bei den Werken aller hier betrachteten Größen im Fall II, das ist bei einem Dampfturbinenwerk mit Verkohlungsanlage und Nebenproduktengewinnung, die Betriebskosten durchweg höhere sind, als bei den anderen Werken, wie dies bei dem erhöhten Brennstoffverbrauch, den gesteigerten Anlagekosten und den demgegenüber verhältnismäßig kleinen Erträgnissen aus den Nebenprodukten vorauszusehen war. Diese Art Werke steht also außer Wettbewerb und wird bei den ferneren Untersuchungen nicht weiter betrachtet werden.

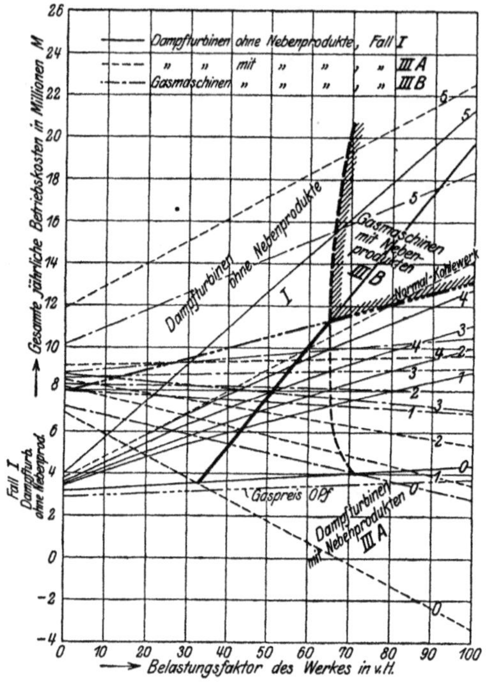

Abb. 10a. Vergleich der gesamten jährlichen Betriebskosten. Mäßige Ausbeute, schlechte Preise. Einnahme aus den Nebenprodukten 7,28 M/t Torf. 100 000 kW-Werke.

Bereits früher wurde darauf hingewiesen (S. 68), daß — bezogen auf gleiche Heizwerte — die bei der Torfvergasung aus den Nebenprodukten erzielten Einnahmen im Vergleich zu denen bei Kohlevergasung recht hohe sind. Der bei der Durchrechnung von Kohlewerken von Klingenberg beobachtete Fall, daß bei kleinen, für Steinkohle allerdings kaum erreichbaren, Brennstoffpreisen selbst bei schlechten Preisen für die Nebenprodukte und mäßiger Ausbeute die gesamten Betriebskosten mit steigender Werkleistung sinken, muß daher bei den Torfwerken schon bei viel höheren Brennstoffpreisen eintreten. Die Abbildungen zeigen, daß dies in der Tat bereits bei den durchaus erreichbaren Preisen 2 (Torf aus Moor mit 85% Feuchtigkeitsgehalt, bei Handwendung) der Fall ist. Selbst bei den ziemlich hohen Preisen 4 (Torf aus Moor mit 90% Feuchtigkeit, bei Handwendung) sind die gesamten Betriebskosten durch die Einnahmen aus den Nebenprodukten unter die Betriebskosten ausschließlich Brennstoffkosten gedrückt.

Während sich hierbei die Werke für 100000 kW und für 36000 kW fast gleich verhalten, liegen die Linien für die Gesamtkosten bei den 5000 kW-Werken höher und andersartig. Bei dem folgenden Vergleich der gesamten jährlichen Betriebskosten für die verschiedenen Torfpreise genügt daher eine Gegenüberstellung der 100 000 kW- und der 5000 kW-Werke; dies ist in den Abb. 10, 11 und 12 je für verschiedene Einnahmen aus den Nebenprodukten geschehen [1]).

Nach dem Vorgang von Klingenberg sind hier durch Verbindung von Punkten gleicher Wertigkeit Grenzkurven eingezeichnet, durch welche die Gebiete abgegrenzt werden, innerhalb deren eine bestimmte Betriebsart im Vergleich mit den beiden anderen hier behandelten die wirtschaftlichste ist.

Der Schnittpunkt der drei Kurven zeigt, wann die drei betrachteten Betriebsarten wirtschaftlich gleichwertig sind. Dies ist der Fall bei

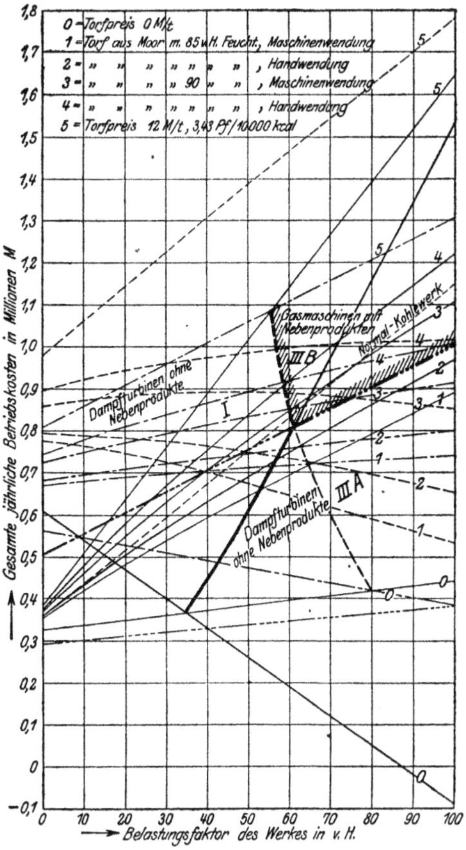

Abb. 10b. Vergleich der gesamten jährlichen Betriebskosten. Mäßige Ausbeute, schlechte Preise. Einnahme aus den Nebenprodukten 7,28 M/t Torf. 5000 kW-Werke.

[1]) 100 000 kW - Werke werden zwar bei Torfbetrieb kaum in Frage kommen; trotzdem wurde hier die Rechnung nicht für 36 000 kW - Werke, sondern für 100000 kW-Werke durchgeführt, damit ein leichter Vergleich mit den von Klingenberg durchgerechneten Steinkohlewerken für 100 000 kW möglich bleibt.

Einnahme aus Nebenprodukten	Belastung etwa	Torfpreis etwa	Wärmepreis etwa
in 100000 kW-Werken:			
7,28 M/t Torf	65%	7,50 M/t	2,16 Pf/10000 kcal
12,08 „ „	34%	11,30 „	3,24 „
16,79 „ „	22%	13,00 „	3,72 „
in 5000 kW-Werken:			
7,28 M/t Torf	61%	6,50 M/t	1,86 Pf/10000 kcal
12,08 „ „	30%	9,00 „	2,57 „
16,79 „ „	17%	12,00 „	3,43 „

Der Gleichwertigkeitspunkt liegt somit bei den kleinen Werken nicht wesentlich anders als bei den großen Werken unter entsprechenden Verhältnissen; er rückt nur ein wenig in das Gebiet der kleineren Belastung und der geringeren Torfpreise. Bei Werken gleicher Größe rückt der Gleichwertigkeitspunkt mit zunehmender Einnahme aus den Nebenprodukten stark in das Gebiet der kleineren Belastungen und der höheren Torfpreise.

3. Vergleichsergebnisse.

Für die angenommene Verzinsung und Abschreibung in Höhe von zusammen 12% zeigen die Abbildungen folgendes:

1. Gasmaschinenanlagen mit Nebenproduktengewinnung kommen bei großen Werken innerhalb der gewöhnlichen mittleren Belastungen und bei den üblichen Torfpreisen nicht in Frage. — Nur bei ungewöhnlich hohen Torfpreisen (trotz der Massengewinnung 6,50—7,50 M/t oder 1,86—2,14 Pf/10000 kcal) oder bei recht hohen Einnahmen aus den Nebenprodukten (etwa 16,80 M/t Torf) arbeiten sie bei hohen mittleren Belastungen (über 50—70%) — wie sie meist nur bei Werken auftreten, die ausschließlich oder vorwiegend elektrochemische oder metallurgische Anlagen speisen — wirtschaftlicher als andere Anlagen.

   In den kleinen Werken sind sie bei normalen Torfpreisen zwar schon bei niedrigeren Einnahmen und kleineren mittleren Belastungen wirtschaftlicher, treten aber in den meisten praktischen Fällen (etwa 25—35 vH mittlere Belastung und Torfpreise 2—4) auch hier hinter den anderen Anlagen zurück.

2. Die Dampfturbinenanlage mit Nebenproduktengewinnung (und gasgefeuerten Kesseln) beherrschen innerhalb der gewöhnlichen Fälle das Feld bei hohen und bei mittleren

Einnahmen aus den Nebenprodukten, sowohl bei sehr großen wie bei kleineren Werken.

3. Bei **mäßigen Einnahmen** aus den Nebenprodukten sind in den gewöhnlichen Fällen (mittlere Belastungen unterhalb

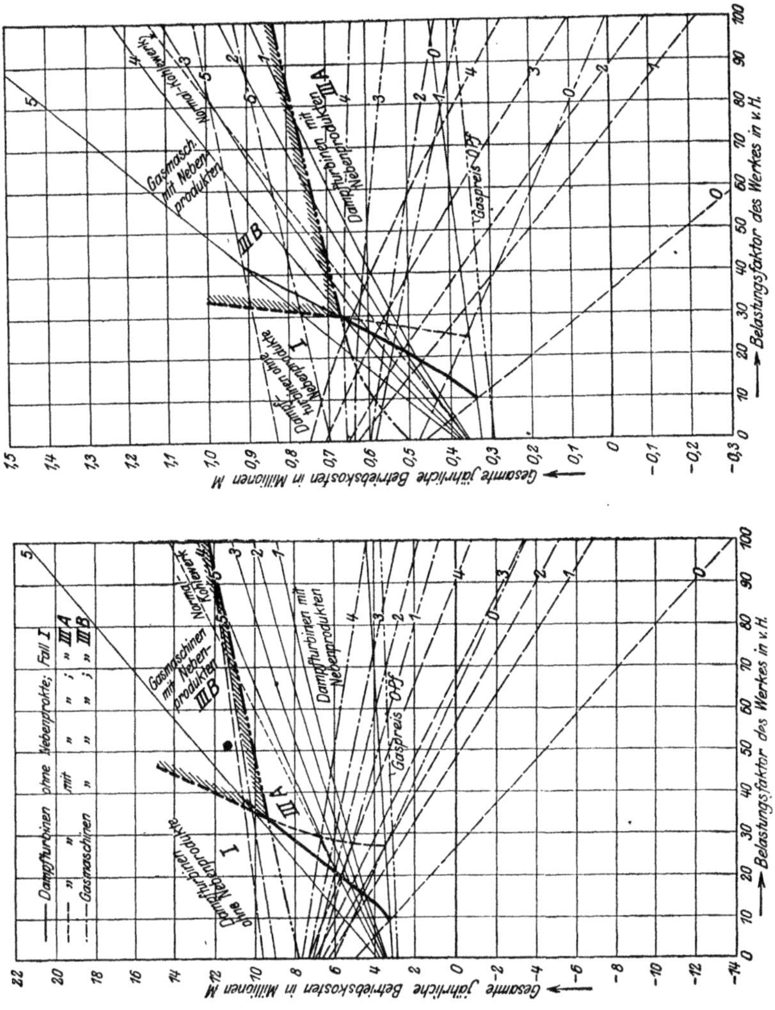

Abb. 11a. 100000 kW-Werke.

Abb. 11b. 5000 kW-Werke.

Vergleich der gesamten jährlichen Betriebskosten. Gute Ausbeute, gute Preise. — Einnahme aus den Nebenprodukten 12,08 M/t Torf.

etwa 50% bei großen, unterhalb etwa 60% bei kleinen Werken) die Dampfturbinenanlage ohne Nebenproduktengewinnung den anderen Anlagen überlegen.

Hierbei muß man sich jedoch gegenwärtig halten, daß diese Vergleiche der Wirtschaftlichkeit der verschiedenen Arten von Werken nur Gültigkeit haben für die angenommene Höhe von Verzinsung und Abschreibung in Höhe von zusammen 12%. Bei jedem anderen Prozentsatz verschieben sich die Grenzen für die Gebiete der einzelnen Werkarten und zwar bei sinkendem Prozentsatz zu-

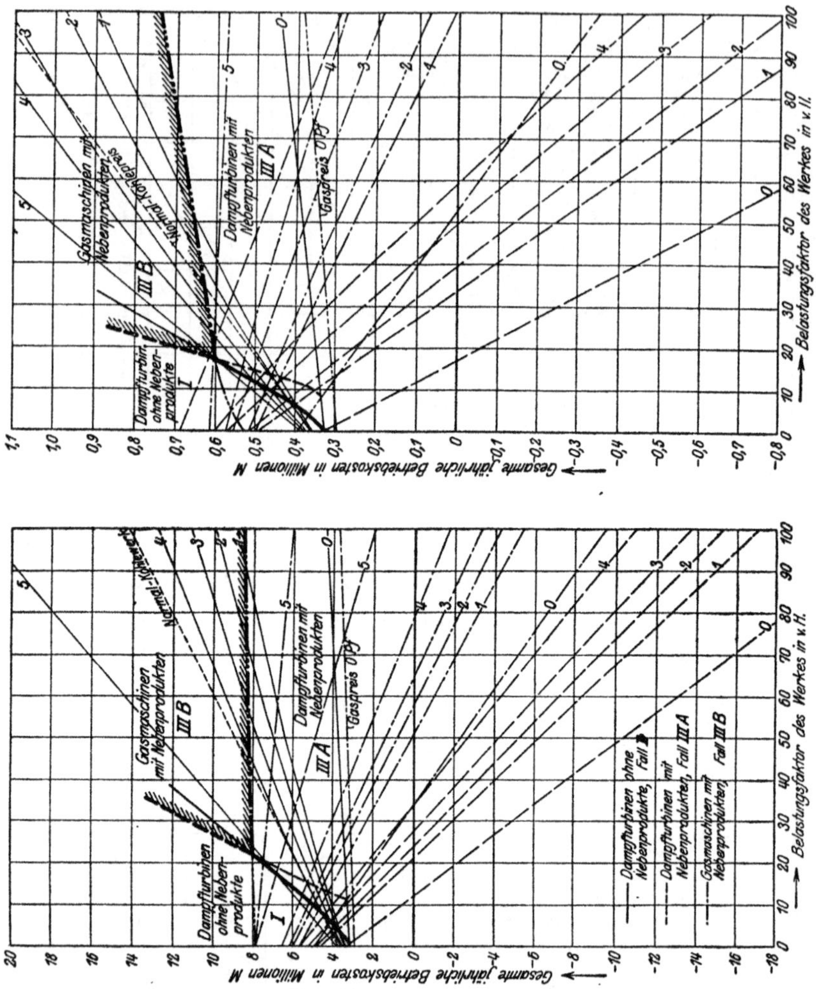

Abb. 12a. 100 000 kW-Werke. Abb. 12b. 5000 kW-Werke.

Vergleich der gesamten jährlichen Betriebskosten. Gute Ausbeute, sehr hohe Preise. — Einnahme aus den Nebenprodukten 16,79 M/t Torf.

gunsten der Anlagen mit hohem Anlagekapital, also zugunsten der Werke mit Nebenproduktengewinnung, bei steigendem Prozentsatz zugunsten der Dampfturbinen ohne Nebenprodukte[1]). Je teurer also

[1]) Diese Betrachtung gilt naturgemäß in gleicher Weise für Steinkohlewerke: setzt man in die Rechnungen von Klingenberg statt 12% nur 10 oder 8% ein, so erhält man für Werke mit Nebenprodukten ein größeres Anwendungsgebiet.

das Geld ist, desto mehr tritt die Möglichkeit zurück, Kraftwerke bei normalem Belastungsfaktor mit Nebenproduktengewinnung zu bauen.

4. Wirtschaftliches.

a) Werkselbstkosten in Torfkraftwerken im Vergleich mit Steinkohlewerken. Bei der vergleichenden Untersuchung über die Wirtschaftlichkeit von Torf- im Verhältnis zu Steinkohlekraftwerken ist besonders die wichtige Tatsache zu beachten, daß bei normaler Torfgewinnung selbst in kleinsten Förderanlagen und aus Moor mit dem hohen Feuchtigkeitsgehalt von 90% der Torfwärmepreis 3 Pf/10 000 kcal, bei Moor mit 85% Feuchtigkeit 2 Pf/10 000 kcal, nicht übersteigt, bei großen Anlagen aber bis auf 1,75 und 1,15 Pf/10 000 kcal sinkt und durch Verbesserungen bei der Gewinnung noch erheblich tiefer zu bringen sein wird. Infolgedessen können größere Torfkraftwerke bei gleicher Wirtschaftlichkeit billigere elektrische Energie abgeben, als gleich große Steinkohlenwerke, oder sie können bei gleichen Preisen für die kWst höhere Reinerträge abwerfen.

Die Werkselbstkosten der erzeugten kWst im Werk bei verschiedenem Belastungsfaktor sind für torfgefeuerte Dampfturbinenwerke verschiedener Größe ohne Nebenproduktenanlage und für alle betrachteten Torfpreise in Abb. 13 dargestellt. Die Kosten verstehen sich ausschließlich Transformationsverlusten und ausschließlich Eigenverbrauch des Kraftwerkes (Licht, Werkstatt, Torf- und Ascheförderung usw.). Doch sind diese beiden Verluste klein; sie können für Vollast bei großen Werken mit zusammen 1,75%, bei kleinen Werken mit zusammen 2,5% der erzeugten kWst angesetzt werden. Ferner ist angenommen, daß in den für die Anlagekosten eingestellten Zahlen bereits die Gründungs- und Emissionskosten, die Bauzinsen sowie das Betriebskapital berücksichtigt sind. — Zum Vergleich sind die Werkselbstkosten für Steinkohlewerke (strichpunktiert) eingetragen, bei Annahme eines Wärmepreises von 2,0 Pf/10 000 kcal. Sieht man diese Werkselbstkosten als derzeitige Normalkosten für die kWst im Werk an, so erkennt man auch hieraus, daß Torfkraftwerke, namentlich große und besonders bei guter mittlerer Belastung, erheblich billiger arbeiten können, als Steinkohlewerke.

Bei größeren mittleren Belastungen erweisen sich, wie oben ausgeführt wurde, Anlagen mit Nebenproduktengewinnung reinen Dampfturbinenanlagen ohne Nebenproduktengewinnung gegenüber überlegen. Da diese Überlegenheit unter sonst gleichen Umständen und bei normalen Brennstoffpreisen schon bei sehr viel kleineren Werten des Werkbelastungsfaktors auftritt als bei Steinkohlewerken, ergibt sich, daß Kraftwerke mit Nebenproduktengewinnung bei Torfbetrieb gegenüber Stein-

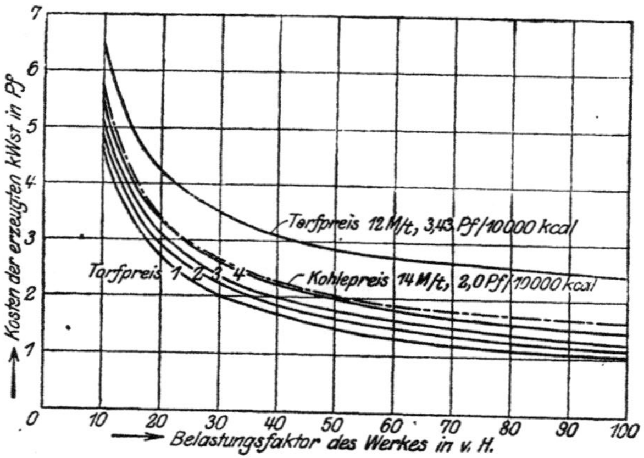

Abb. 13a. 100000 kW-Werk.

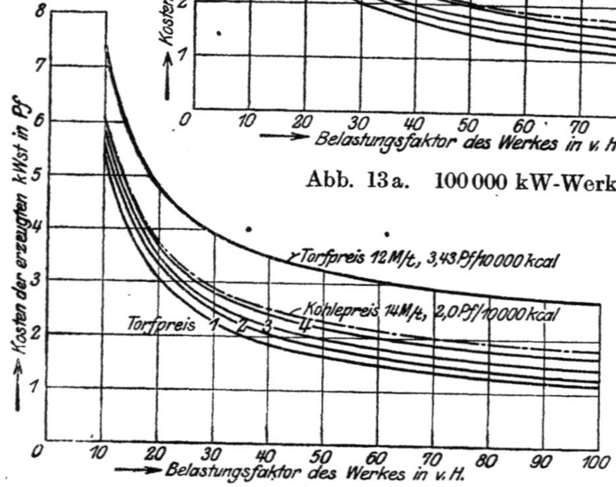

Abb. 13b. 36000 kW-Werk.

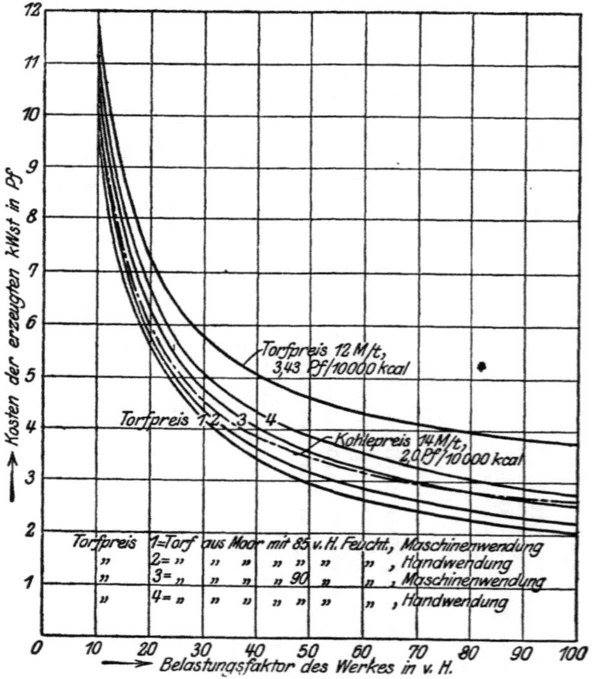

Abb. 13c. 5000 kW-Werk.

Werkselbstkosten für die erzeugte kWst im Werk. Dampfturbinenwerk ohne Nebenproduktenanlage.

kohlebetrieb noch erheblich günstiger arbeiten, als dies oben für Kraftwerke ohne Nebenproduktengewinnung dargetan wurde.

b) Torfkraftwerke mit Nebenproduktenanlagen. *ba) Selbstkostenberechnung für die kWst bei gemeinsamem Wirtschaftsbetrieb.* Betrachtet man nochmals die Abb. 10, 11 und 12, und zwar mit Bezug auf die Werke mit Nebenproduktengewinnung, so zeigt sich eine höchst bemerkenswerte Tatsache. Durch hohen Erlös aus den Nebenprodukten werden die Gesamtbetriebskosten vermindert; mehr noch: bei höheren Belastungsfaktoren tritt sogar der Fall ein, daß diese Kosten negativ werden, d. h., daß der Erlös aus den Nebenprodukten nicht nur die gesamten Betriebskosten deckt, sondern darüber hinaus noch eine besondere Reineinnahme liefert.

Hieraus erkennt man zweierlei: Erstens wäre es danach bei höherem Erlös aus den Nebenprodukten für das wirtschaftliche Ergebnis der Anlage günstig, möglichst viel Brennstoff zu verarbeiten, und dabei durch die Einnahme aus den Nebenprodukten die Betriebskosten zu vermindern. Zweitens: die Preisstellung für die elektrische Energie kann hier nicht mehr nur auf Grund der Selbstkosten der gesamten Anlage berechnet werden. — Wird der Preis für die kWst so niedrig bemessen, daß das Kraftwerk nicht in sich — d. h. ohne Einrechnung der wirtschaftlichen Erträgnisse der Nebenproduktenanlage — wirtschaftlich arbeitet, so geschieht dies auf Kosten der Wirtschaftlichkeit der Nebenproduktenanlage, die mit einem Teil ihres Gewinnes die unzureichende Verzinsung des Kraftwerkes decken müßte. Das heißt also, die Einnahmen aus dem Verkauf der elektrischen Energie im Kraftwerk müssen wenigstens die im Kraftwerk selbst entstehenden Kosten ausschließlich der Brennstoffkosten decken. (Bei rein staatlichen Unternehmungen können diese Betrachtungen unter Umständen hinfällig werden.) Die sich hiernach ergebenden Werkselbstkosten für die erzeugten kWst im Werk sind aus Abb. 14a und 14b zu ersehen. Die Werte sind außerordentlich günstig, wie ein Vergleich mit den bei Kohlewerken zu erzielenden Kosten zeigt. — Aber auch bei dieser Art der Kostenberechnung wird bei höheren Einnahmen aus den Nebenprodukten die Wirtschaftlichkeit der Gesamtanlage durch das Kraftwerk herabgedrückt, der Reingewinn verwässert werden, solange nicht das Kraftwerk eine gleiche hohe Rentabilität erreicht, wie die Chemische Anlage. Es bleibt daher zu untersuchen, ob es nicht von Vorteil wäre, beide Anlagen als gesonderte Wirtschaftsbetriebe nebeneinander arbeiten zu lassen. Auch könnte sogar die Chemische Anlage allein, bei Verzicht auf Anschluß eines Kraftwerkes, mit guter Wirtschaftlichkeit arbeiten, wobei allerdings die Gase ungenutzt entweichen würden.

bb) Selbstkosten bei Kraftwerken mit fremder Gaslieferung; Wert des Gases. Zunächst seien Kraftwerke betrachtet, die von einer gesondert bewirtschafteten Nebenproduktenanlage das zu ihrem Betrieb erforderliche Torfgas beziehen. Dabei wird angenommen, daß trotz des getrennten Wirtschaftsbetriebes die örtliche Lage des Kraftwerkes zur Nebenproduktenanlage (Chemischen Anlage) die gleiche ist, wie bei dem vorher betrachteten gemeinsamen Betrieb, so daß besondere Kosten für längere Gasleitungen nicht entstehen.

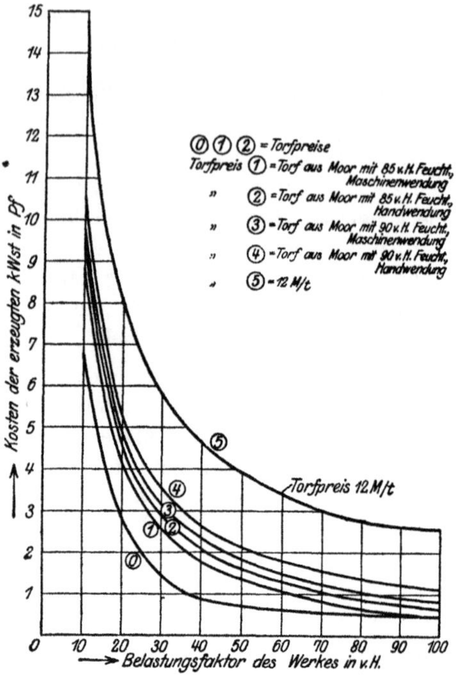

Einnahmen aus den Nebenprodukten 7,28 M/t Torf.

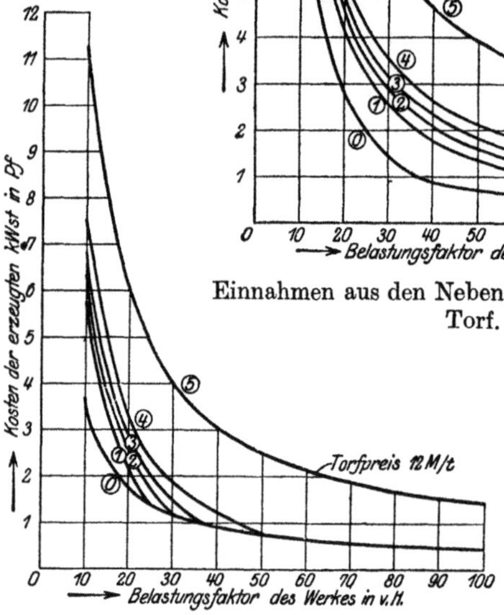

Einnahmen aus den Nebenprodukten 12,08 M/t Torf.

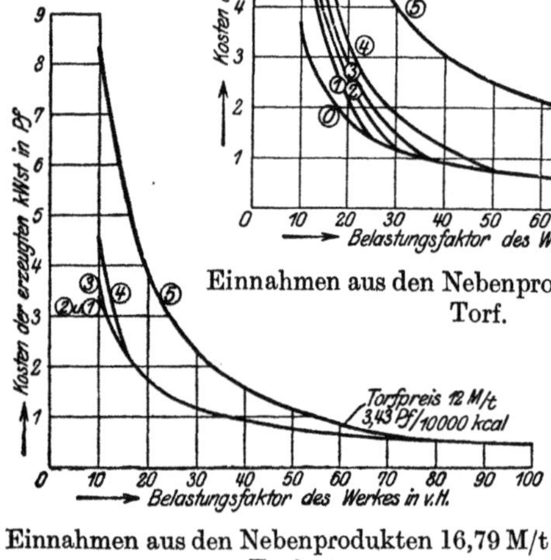

Einnahmen aus den Nebenprodukten 16,79 M/t Torf.

Abb. 14a. Werkselbstkosten für die erzeugte kWst im Werk. Dampfturbinenwerk mit Nebenprodukten. 100 000 kW-Werk.

— Die Untersuchung soll sich ferner nur auf 100 000 kW-Werke und auf 5000 kW-Werke erstrecken, da die früheren Rechnungen gezeigt haben, daß zwischen 100 000 kW-Werken und 36 000 kW-Werken ein Wesensunterschied nicht besteht.

In Abb. 15 sind die gesamten Betriebskosten für Werke von 100000 kW und von 5000 kW mit Dampfturbinen bei gasgefeuerten Kesseln und mit Gasmaschinen in Abhängigkeit von der mittleren Jahresbelastung des Werkes eingetragen, und zwar für verschiedene Gas- und Wärmepreise, von 0—3,5 Pf/10000 kcal.

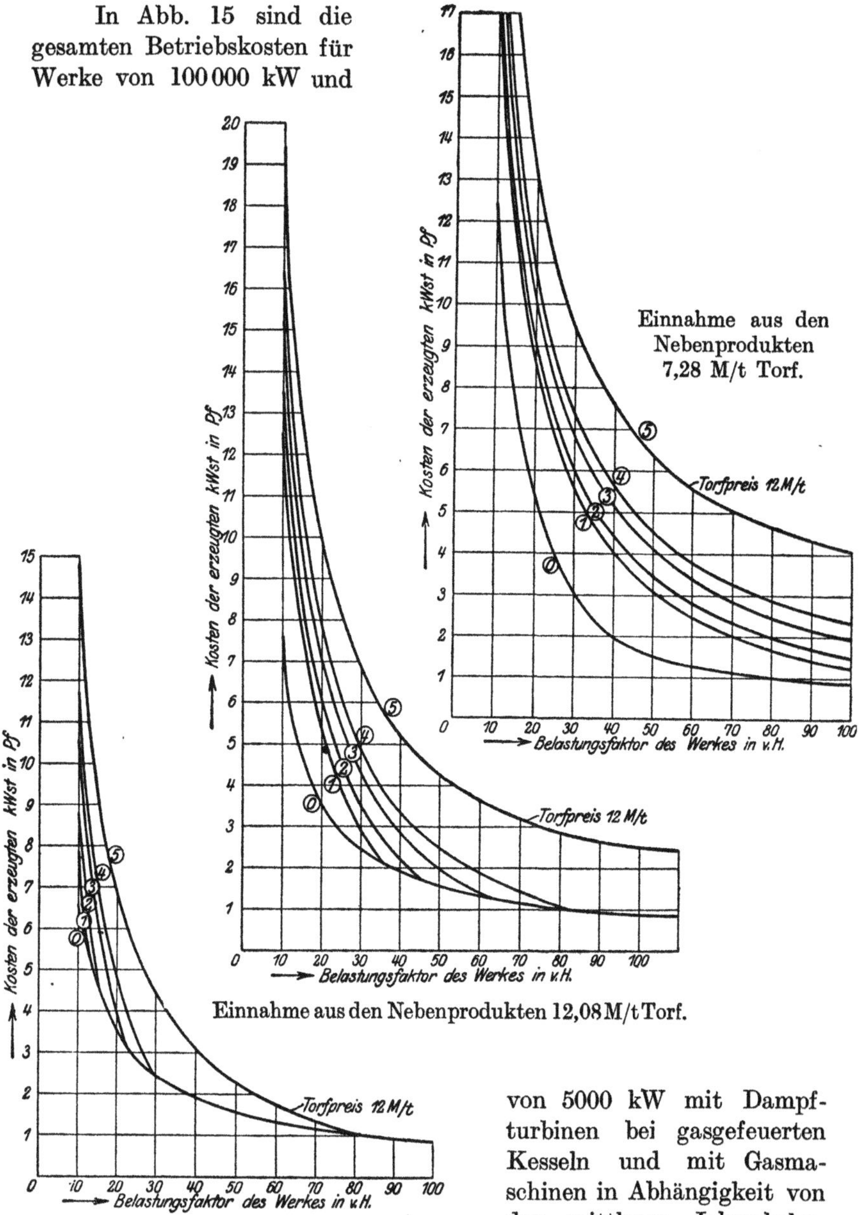

Einnahme aus den Nebenprodukten 7,28 M/t Torf.

Einnahme aus den Nebenprodukten 12,08 M/t Torf.

Einnahme aus den Nebenprodukten 16,79 M/t Torf.

Abb. 14b. Werkselbstkosten für die erzeugte kWst im Werk. Dampfturbinenwerk mit Nebenprodukten. 5000 kW-Werk.

Die strichpunktierte Linie gibt die Grenze an, bei der Dampfturbinen und Gasmaschinenwerke bei gleichen Gaspreisen gleich teuer arbeiten; unterhalb sind Dampfturbinen, oberhalb Gasmaschinen wirt-

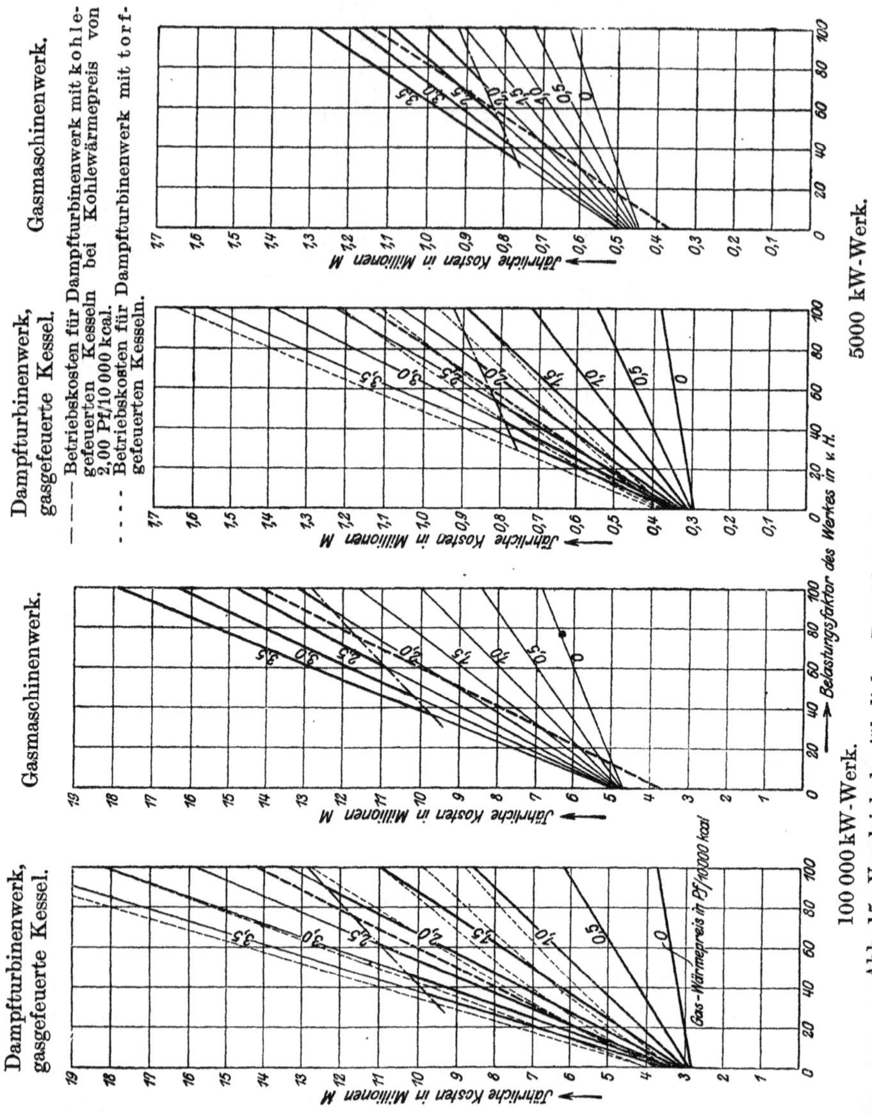

Abb. 15. Vergleich der jährlichen Betriebskosten für verschiedene Gaswärmepreise.

schaftlicher. Wie man sieht, beschränkt sich das Gebiet der Gasmaschinen auf hohe Gaspreise und hohen Belastungsfaktor; bei kleineren Werken ist es ein wenig größer als bei großen; bei gleichem Belastungsfaktor setzt es schon bei etwas niedrigeren Gaspreisen ein. Zum Vergleich sind die Betriebskosten für gleich große kohlegefeuerte Dampfturbinenwerke bei einem Kohle-Wärmepreise von 2,0 Pf/10000 kcal gestrichelt eingetragen; sie bedeuten die obere Grenze für den Bereich, in dem torfgasbetriebene Werke billiger arbeiten als Steinkohlewerke. Das Gebiet der Gasmaschinen ist hier sehr klein. — Die Werkselbstkosten der erzeugten kWst im Werk bei diesen Anlagen sind in Abb. 16 gezeigt; die Grenzlinie zwischen Dampfturbinen und Gasmaschinen ist wieder strichpunktiert, die Werkselbstkosten für ein kohlegefeuertes Dampfturbinenwerk bei 2,00 Pf/10000 kcal Kohle-Wärmepreis gestrichelt eingetragen. Diese Kosten liegen etwas oberhalb der Kosten bei dem gasgefeuerten Werk mit einem Gas-Wärmepreis von 2,00 Pf/10000 kcal, wie dies auch angesichts der etwas geringeren Anlagekosten (Fortfall der Kohleförderung im Kesselhaus), der geringeren Löhne (einfachere Bedienung der Feuerung) und des besseren Kesselwirkungsgrades zu erwarten war.

Das Chemische Werk wird selbstverständlich bestrebt sein, für sein Gas eine möglichst hohe Vergütung zu erzielen; die Höhe des Gaspreises findet aber eine obere Grenze. Ein Vergleich der Betriebskosten von torfgefeuerten Dampfturbinenwerken (Abb. 10) mit den in Abb. 15 dargestellten zeigt für jeden betrachteten Belastungsfaktor, wieviel das Kraftwerk, wenn Torf zu bestimmtem Preise zur Verfügung steht, für das Gas noch zahlen kann, solange der Gasbetrieb für das Kraftwerk nicht teurer werden soll, als die unmittelbare Verfeuerung von Torf. — So betragen z. B. in einem 100 000 kW-Werk mit torfgefeuerten Kesseln (Abb. 10) beim Torfpreis 3 und einem Belastungsfaktor von 25% die Betriebskosten 5,92 Millionen M.; Abb. 15 zeigt, daß bei einem Belastungsfaktor von 25% Betriebskosten in Höhe von 5,92 Millionen M. entstehen, wenn der Gas-Wärmepreis etwa 2,1 Pf/10 000 kcal beträgt. Wenn der Gasbezug lohnen soll, muß der Gas-Wärmepreis also unterhalb dieses Preises liegen; er gibt somit den Wert des Gases für den betrachteten Fall an. — Auf Grund dieser Überlegung ist Abb. 17 entstanden, in der der Wert des Gases für große und für kleinere Werke bei verschiedenen Torfpreisen und für alle Belastungsfaktoren dargestellt ist. Die Abbildung zeigt, daß die zu erzielenden Gaspreise bei kleineren Werken höher sind als bei großen.

In dem Gebiet, in dem die Gasmaschinenanlage der Dampfturbinenanlage überlegen ist (Abb. 15), könnte man für das Gas höhere Preise erzielen, würde damit aber die Überlegenheit des Gasmaschinenwerks mit Bezug auf den Preis für die elektrische Energie wieder teilweise oder ganz einbüßen; was auf der einen Seite gewonnen wird, geht auf der anderen verloren. Bei gleichen Preisen für die kWst wird man aber wegen der geringeren Anlagekosten einem Dampfturbinenwerk den Vorzug geben; deshalb soll bei der vorliegenden Untersuchung der

Vorteil der Gasmaschinen durch unveränderte Preisstellung für die Gaswärme dem Gasmaschinenkraftwerk gewahrt bleiben. — Das Chemische Werk wird bei Gasmaschinenbetrieb erheblich kleiner als bei Dampfturbinen, die Wirtschaftlichkeit gleich, aber der Umsatz geringer. Das Chemische Werk dürfte daher in der Regel vorziehen, mit einem Dampfturbinenwerk zusammen zu arbeiten. Mit diesem Wunsche kommt es häufig dem Wunsche des Kraftwerkes entgegen, das trotz höherer Betriebskosten doch oft lieber mit Dampfturbinen arbeitet, mit denen — abgesehen von den etlichen betriebstechnischen Vorteilen — die gleiche Leistung bei kleinerem Anlagekapital erzielt wird.

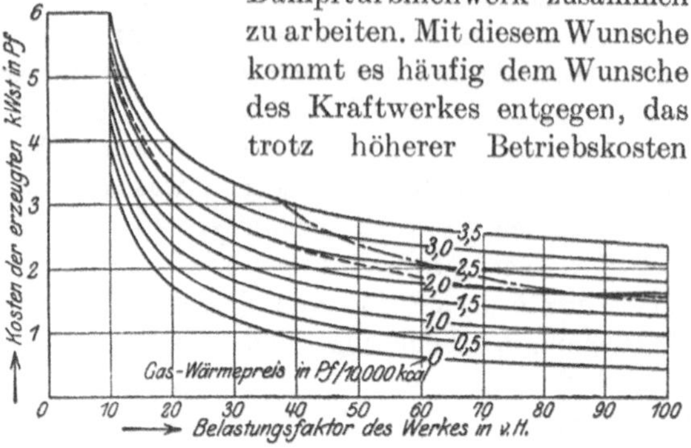

Dampfturbinenwerk mit gasgefeuerten Kesseln.

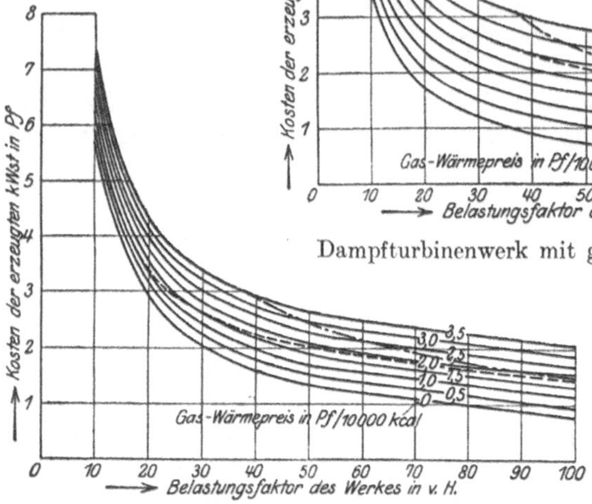

Gasmaschinenwerk.

Abb. 16a. Werkselbstkosten für die erzeugte kWst in gasbetriebenen Kraftwerken. 100 000 kW-Werke.

bc) Vergleichsmöglichkeiten für die Wirtschaftlichkeit der verschiedenen Wirtschaftsarten. Die Wirtschaftlichkeit eines Kraftwerkes kommt bei einem fest angenommenen Prozentsatz für Verzinsung und Abschreibung allein in der Höhe der Betriebskosten und damit in den Werkselbstkosten für die erzeugte kWst zum Ausdruck; je niedriger diese Kosten sind, desto wirtschaftlicher arbeitet das Werk. Dies gibt also einen Maßstab für die Wirtschaftlichkeit beim Vergleich verschiedener Werke untereinander. Diese Vergleichsmöglichkeit schwindet aber, will man die Wirtschaftlichkeit von Kraftwerken mit jener von andersartigen Anlagen, hier z. B. von Chemischen Anlagen, vergleichen. Bei den Chemischen Anlagen ist ein bestimmter Verkaufspreis für die Erzeugnisse angenommen. Somit ergibt sich bei den zu berechnenden, also gleichfalls bekannten Herstellungskosten die Wirtschaftlichkeit unmittelbar als Reinüberschuß über die angenommene Verzinsung einschließlich Abschreibung. (Wird der hierfür angesetzte Prozentsatz nicht erreicht, so muß die Anlage als nicht lebensfähig angesehen werden.)

Für einen Vergleich der Rentabilität von Kraftwerken mit der von Chemischen Anlagen müßte somit die Wirtschaftlichkeit der Kraftwerke auf gleicher Basis, also gleichfalls durch Reinüberschuß über als normal angenommene Verzinsung nebst Abschreibung ausgedrückt werden. Hierzu wäre noch ein als „normal" anzusehender durchschnitticher Verkaufspreis für die elektrische Energie einzusetzen. Nun hat aber die elektrische Energie keinen eigentlichen Marktwert, sondern ihr Preis wird durch vielerlei, in jedem Einzelfall verschiedene, Komponenten bedingt, hauptsächlich durch die Wertschätzung des Verbrauchers im Sonderfalle. Diese preisbestimmenden Umstände und damit der Preis können auch zum Zwecke der Vergleichsrechnung bei allgemeinen Rechnungen der vorliegenden Art nicht angenommen werden.

– – – Dampfturbinenwerk mit kohlegefeuerten Kesseln; Kohle-Wärmepreis 2,00 Pf-10 000 kcal.

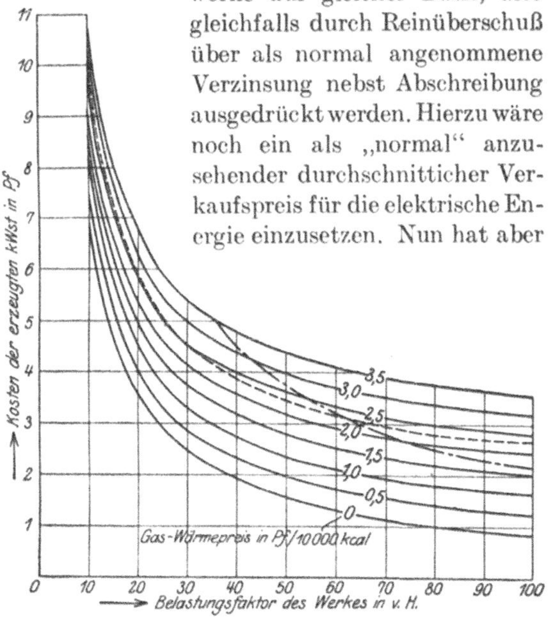

Dampfturbinenwerk mit gasgefeuerten Kesseln.

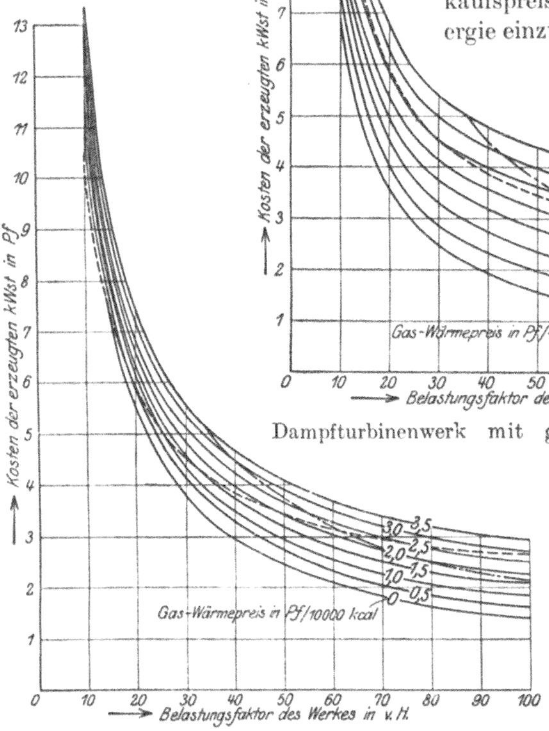

Gasmaschinenwerk.

Abb. 16b. Werkselbstkosten für die erzeugte kWst in gasbetriebenen Kraftwerken. 5000 kW-Werke.

bd) Wirtschaftlichkeit bei gemeinsamem und bei getrenntem Betrieb. Es sei zunächst angenommen, daß in jedem Falle gleiche Werkselbstkosten für die erzeugte kWst erzielt werden sollen, wie bei dem Kraftwerk mit Nebenproduktenanlage in gemeinsamen Wirtschaftsbetrieb (Abb. 14). Der sich dann ergebende Reinüberschuß über den als normal gewählten Satz von 12% für Verzinsung nebst Abschreibung ist für den Fall des gemeinsamen Wirtschaftsbetriebes in Abb. 18 für die verschiedenen Torfpreise dargestellt. Schon bei einer Einnahme von 12,08 M/t Torf für die Nebenprodukte erhält man bei größeren Werkbelastungen recht erhebliche Überschüsse selbst für höhere Torfpreise. Bei Einnahmen von 16,79 M/t Torf aus den Nebenprodukten setzen die

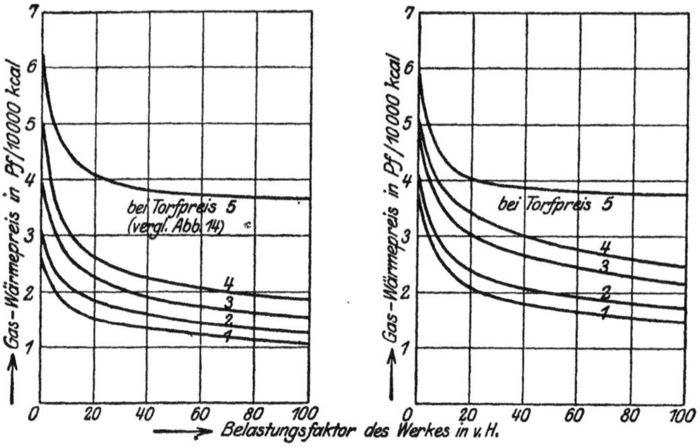

100 000 kW-Werk. 5000 kW-Werk.

Abb. 17. Wert des Torfgases.

Reinüberschüsse schon bei kleinen mittleren Belastungen ein und steigen bei den höheren zu ganz beträchtlichen Werten. In den kleinen Werken sind die Überschüsse geringer als in den großen.

Bei einer selbständig arbeitenden chemischen Anlage ergeben sich Reinüberschüsse, wie sie in Abb. 19 dargestellt sind. Einnahmen aus Gas können — sofern, wie oben vorausgesetzt wurde, im Kraftwerk die gleichen Selbstkosten, wie bei gemeinsamen Betrieb angenommen werden — in dem hier betrachteten Gebiet der Reinüberschüsse nicht erzielt werden, da die Kraftwerkselbstkosten hier Kosten für Brennstoff nicht mehr umfassen. In dem Gebiet der normalen Verzinsung des chemischen Werkes muß es — um diese normale Verzinsung zu erreichen — von dem Kraftwerk einen entsprechenden Preis für das Gas erzielen. Dieser ist so hoch, wie er sich aus den in Abb. 14 dargestellten Werkselbstkosten für die kWst ergibt; seine wirkliche Größe ist hier nicht von Belang. Verglichen mit den Reinüberschüssen bei gemeinsamen

100 000 kW-Werk. 5000 kW-Werk.

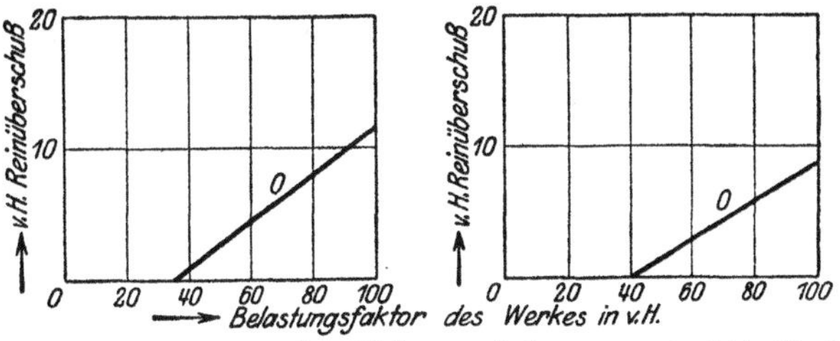

Bei Einnahmen aus den Nebenprodukten = 7,28 M/t Torf.

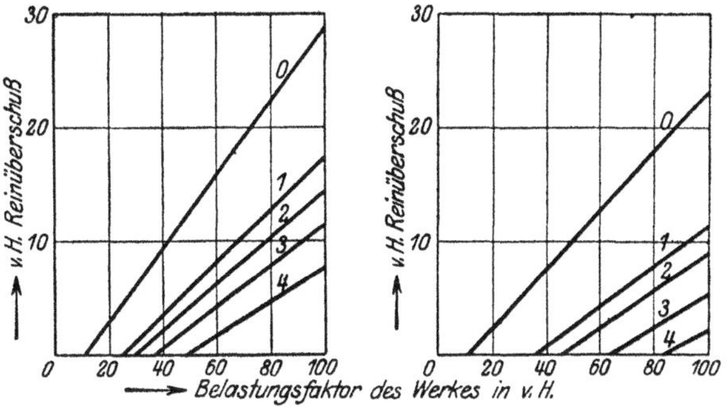

Bei Einnahmen aus den Nebenprodukten = 12,08 M/t Torf.

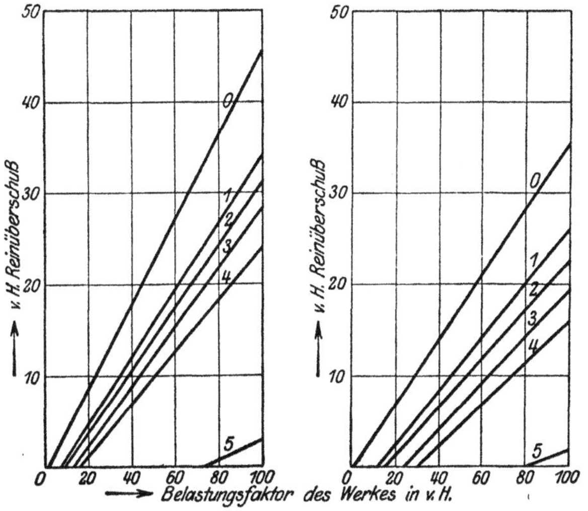

Bei Einnahmen aus den Nebenprodukten = 16,79 M/t Torf.

Abb. 18. Reinüberschuß des Gesamtwerkes (über 12% für Verzinsung nebst Abschreibung). — Die Preise für die elektrische Energie sind entsprechend den gesamten Betriebskosten eingesetzt, jedoch nur soweit herab, daß das Kraftwerk in sich stets noch 12% für Verzinsung und Abschreibung aufbringt (vgl. Abb. 14 S. 94—95). — 0, 1, 2 usw. = Torfpreis-Bezeichnung (vgl. Abb. 14 S. 94).

Betrieb übersteigen sie diese im umgekehrten Verhältnis der Anlagekapitalien; man erhält den gleichen absoluten Überschuß, die gleiche

Bei Anschluß an

100 000 kW-Werk (25 $^0/_0$ Reserve).	5000 kW-Werk (40 $^0/_0$ Reserve).

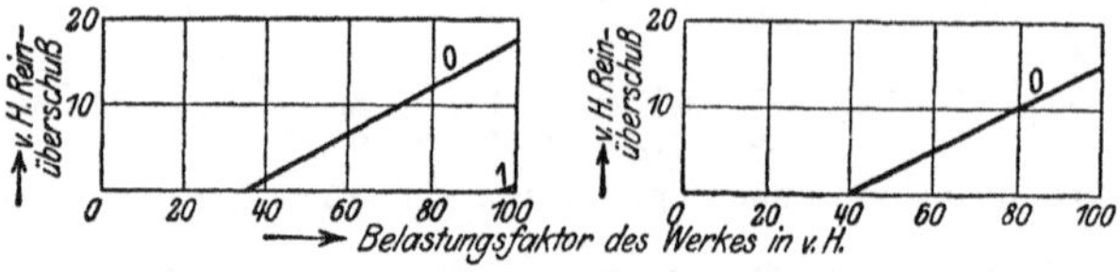

Einnahme aus den Nebenprodukten (ausschl. Gas) 7,28 M/t Torf.

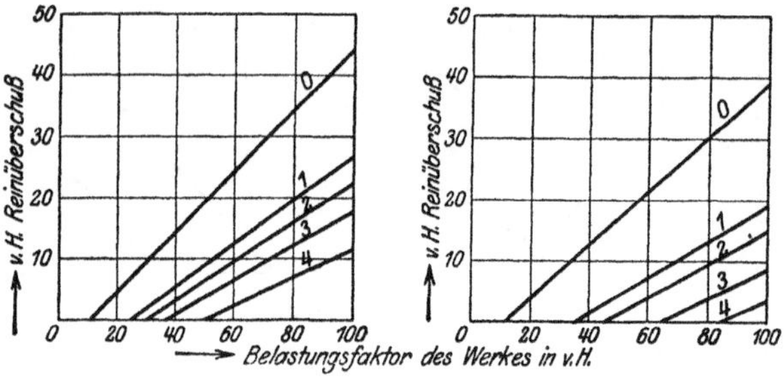

Einnahme aus den Nebenprodukten (ausschl. Gas) 12,08 M/t Torf.

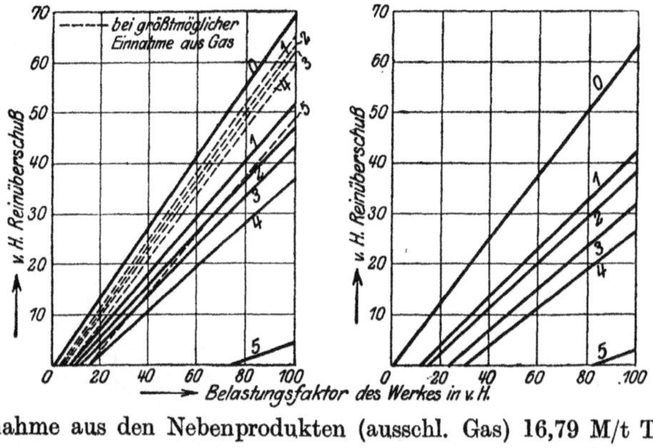

Einnahme aus den Nebenprodukten (ausschl. Gas) 16,79 M/t Torf.

Abb. 19. Reinüberschuß der chemischen Anlage bei angepaßtem Betrieb (über 12 $^0/_0$ für normale Verzinsung nebst Abschreibung). — Preise für die elektrische Energie wie bei angepaßtem Betrieb (vgl. Abb. 14 S. 94—95). — 0, 1, 2 usw. = Torfpreis-Bezeichnung (vgl. Abb. 14 S. 94).

Überschußsumme, bei kleinerem Kapital. Es könnte sich unter diesen Umständen also sehr wohl empfehlen, die Chemische

Anlage und das Kraftwerk als besondere Wirtschaftsbetriebe zu führen.

Wie eben erwähnt, müßte unter der Voraussetzung der gleichen Werkselbstkosten für die kWst, wie bei gemeinsamen Betrieb, die Chemische Anlage das Gas im Gebiet der übernormalen Verzinsung dem Kraftwerk kostenlos zur Verfügung stellen. Daran hat die Chemische Anlage kein Interesse. Aber jede Vergütung für das Gas, auch wenn sie noch so gering ist, würde eine weitere Steigerung der Rentabilität der Chemischen Anlage bedeuten. Es könnte deshalb sehr wohl der Fall eintreten, daß der Preis, zu dem die Chemische Anlage das Gas dem Kraftwerk zur Verfügung stellt, ganz besonders gering ist, um entweder einem Kraftwerk die Abgabe möglichst billiger elektrischer Energie — etwa zwecks Heranziehung einer elektrochemischen Industrie oder eines elektrometallurgischen Unternehmens — zu ermöglichen; oder, um durch den Anreiz einer besonders guten Wirtschaftlichkeit bei normalen Preisen für die abgegebene elektrische Energie ein Kraftwerk zur Niederlassung anzuregen; oder endlich, um das Kraftwerk instand zu setzen, die elektrische Energie auf große Entfernungen fortzuleiten und — trotz der erhöhten Leitungskosten — infolge der niedrigen Erzeugungsselbstkosten im Werk, sie an der Verbrauchsstelle zu normalen Preisen zu verkaufen. Andererseits ist, wie oben gezeigt wurde, in dem Wert des Gases eine obere Grenze für den zu erzielenden Preis gegeben. Die Überschüsse, die bei solchen höchsten Gaspreisen sich erreichen lassen, sind in Abb. 19c für große Kraftwerke gestrichelt eingetragen. Die Erhöhung der Überschüsse durch solchen Gasverkauf wäre ganz erheblich. — Als Reserven sind, wie bei den Dampfturbinenkraftwerken, 25 vH bei den großen Anlagen und 40 vH bei den kleineren angenommen. Daraus ergeben sich die Unterschiede in den Reinerträgnissen beider Werkgrößen.

Bei dieser Betrachtung war vorausgesetzt, daß die chemische Anlage sich in ihrer Gaserzeugung und damit in ihrer Brennstoffverarbeitung dem Betriebe des Kraftwerkes voll anpaßt. Es erhellt aber aus den gegebenen Darstellungen betreffs des Reinüberschusses ohne weiteres, daß bei getrenntem Wirtschaftsbetrieb das chemische Werk — im Falle die Einnahmen aus den Nebenprodukten die Torfkosten übersteigen, — seine Wirtschaftlichkeit erhöht, wenn es dauernd mit Vollast arbeitet, selbst wenn es das erzeugte Gas gar nicht verkauft. Es ergeben sich dann die für eine Kraftwerkbelastung von 100% dargestellten Reinüberschüsse. Nicht vergessen darf aber werden, daß ein solcher Betrieb als volkswirtschaftlich im höchsten Grade unwirtschaftlich angesehen werden muß.

Der Reinüberschuß der Chemischen Anlage bei solchem Vollbetrieb ist in Abb. 20 nochmals dargestellt, hier jedoch in Abhängigkeit vom Torfpreis; als Reserven sind wieder 25 vH bei den großen, 40 vH bei den kleineren angenommen. Hier ist auch der durch Gasverkauf höchsterzielbare Reinüberschuß für die verschiedenen Belastungsfaktoren des Kraftwerkes angegeben. Durch Gasverkauf zu gutem Preise läßt

Bei Anschluß an

100 000 kW-Werk (25 % Reserve). 5000 kW-Werk (40 % Reserve).

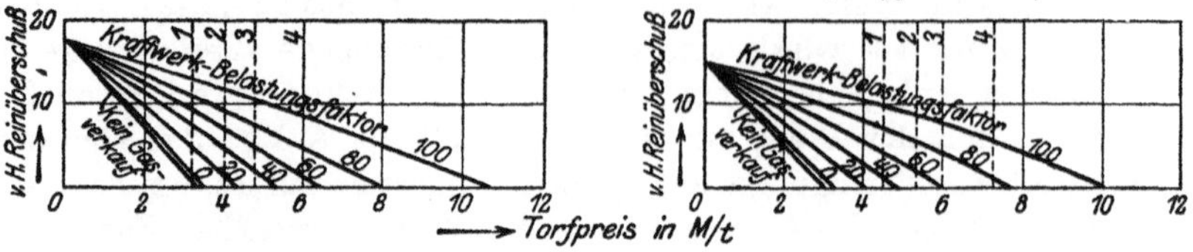

Einnahme aus den Nebenprodukten (ausschl. Gas) 7,28 M/t Torf.

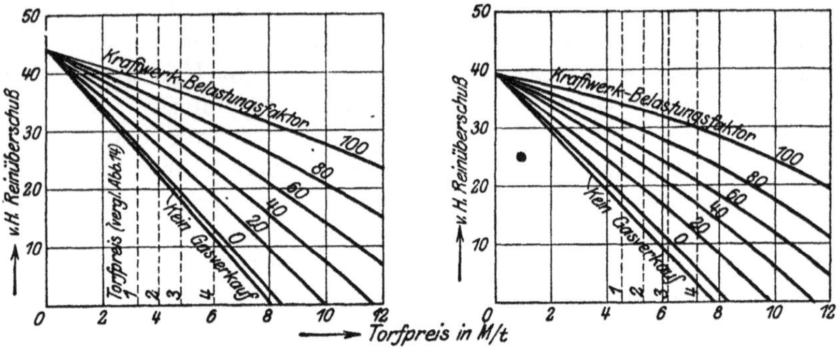

Einnahme aus den Nebenprodukten (ausschl. Gas) 12,08 M/t Torf.

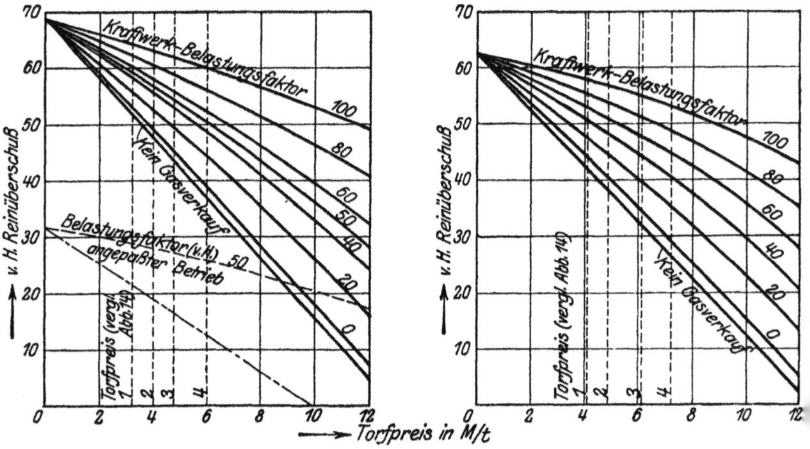

Einnahme aus den Nebenprodukten (ausschl. Gas) 16,79 M/t Torf.

Abb. 20. Reinüberschuß der chemischen Anlage bei Vollbetrieb.

sich selbst bei hohen Torfpreisen und mittleren Einnahmen aus den Nebenprodukten auch bei kleinerem Werkbelastungsfaktor noch ein guter Reinüberschuß erzielen. Der Betrieb ohne Gasverkauf ist noch wirtschaftlich bis zu Torfpreisen von 3,3, 8,0 und über 12 M/t, wenn die Einnahmen aus den Erzeugnissen („Nebenprodukten“) 7,28, 12,08 und 16,79 M. für jede Tonne verarbeiteten Torf betragen und die Anlage mit einer Reserve von 25% arbeitet. Bei einer Reserve von 40% sind die Grenzpreise für den Torf natürlich etwas niedriger; ebenso — bei gleichen Torfpreisen — der Reinüberschuß. Die bei einer bestimmten

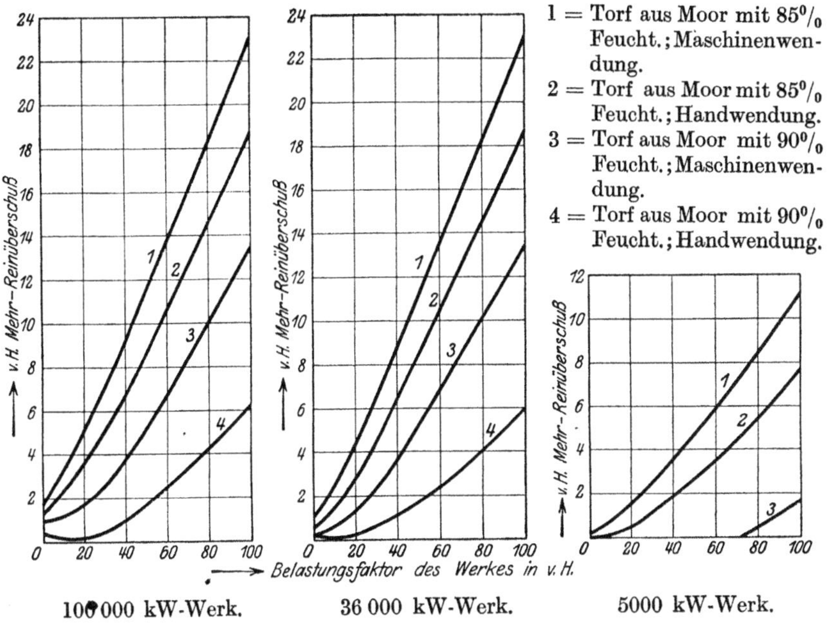

Abb. 21. Mehr-Reinüberschuß bei Torfkraftwerken ohne Nebenproduktenanlage im Vergleich mit Steinkohle-Kraftwerken (Kohlewärmepreis 2,00 Pf/kcal).

angenommenen Größe des Betriebes zu erwartenden Torfpreise ergeben sich aus Abb. 1; hiermit kann man dann mit Hilfe von Abb. 20 die Wirtschaftlichkeit der Anlage prüfen.

Wie die Wirtschaftlichkeit der chemischen Anlage bei angepaßtem Betriebe sinkt, ist für einen Werk-Belastungsfaktor von 50% in Abb. 20c in strichpunktierten Linien gezeigt.

c) **Torfkraftwerke im Wettbewerb mit Steinkohlewerken.** Bei der vorhergehenden Betrachtung wurde angenommen, daß die elektrische Energie zu den Preisen verkauft wird, wie sie den Werkselbstkosten

100 000 kW-Werk. 5000 kW-Werk.

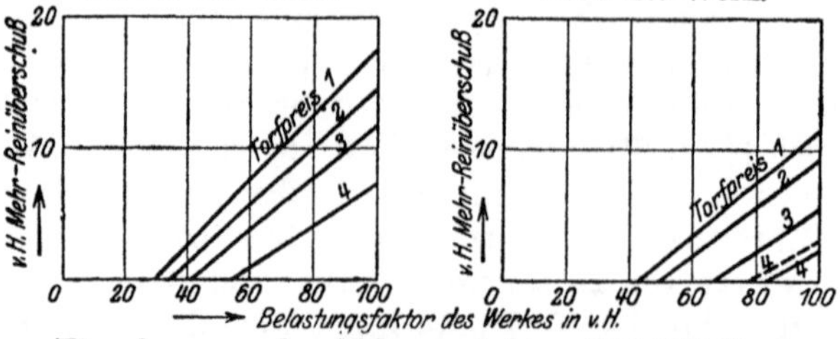

Einnahme aus den Nebenprodukten 7,28 M/t Torf.

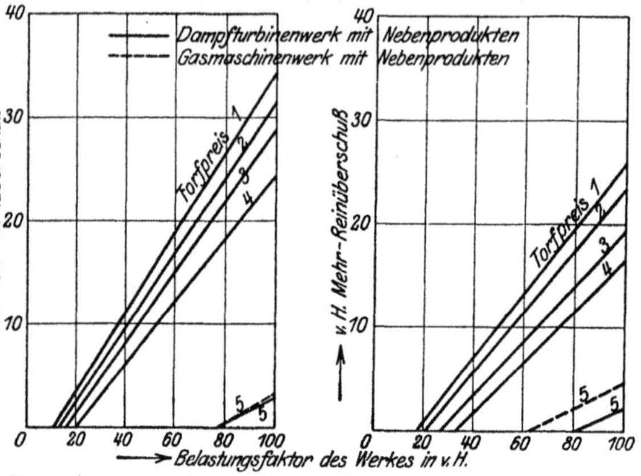

Einnahme aus den Nebenprodukten 12,08 M/t Torf.

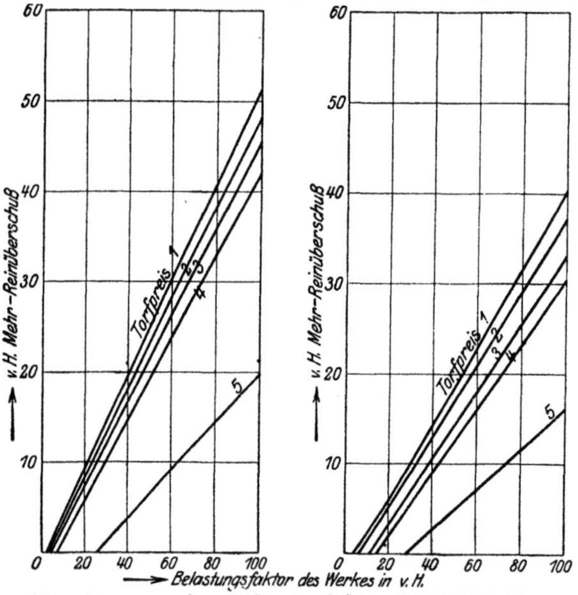

Einnahme aus den Nebenprodukten 16,79 M/t Torf.

Abb. 22. Mehr-Reinüberschuß bei Torfkraftwerken mit Nebenproduktenanlage im Vergleich mit Steinkohle-Kraftwerken (Dampfturbinenwerk mit kohlegefeuerten Kesseln. Kohle-Wärmepreis 2,00 Pf/10 000 kcal).

entspricht. Diese Selbstkosten sind sehr gering und gestatten so niedrige Preise, daß diese einen starken Anreiz für Großverbraucher bilden dürften. — In den Fällen aber, in denen Torfkraftwerke in Wettbewerb mit Kohlekraftwerken stehen, ist das Torfkraftwerk in der Lage, seine geringeren Selbstkosten auszunutzen und kann mit seinen Preisen bis dicht an die Preise des Kohlekraftwerkes gehen. Dann steigert das Torfkraftwerk seine Einnahmen und erlangt über die als normal angenommenen 12 vH für Verzinsung und Abschreibung hinaus einen

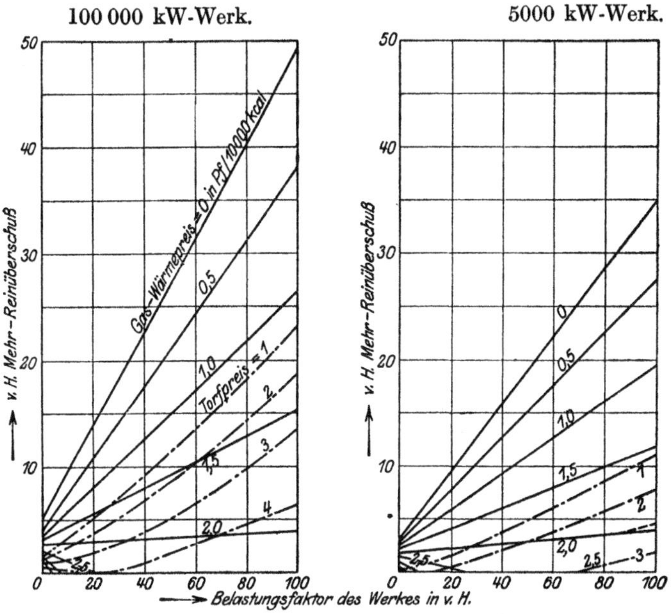

Abb. 23. Mehr-Reinüberschuß bei Torfgas-Kraftwerk (Dampfturbinen) im Vergleich mit Steinkohle-Kraftwerken (Dampfturbinenwerk mit kohlegefeuerten Kesseln. Kohlewärmepreis 2,00 Pf/10 000 kcal). — · — · — Dampfturbinenwerk mit torfgefeuerten Kesseln (vgl. Abb. 21) (Bedeutung der Torfpreisbezeichnungen vgl. Abb. 21).

Reinüberschuß, dessen größtmögliche Höhe sich bei Annahme gleicher Fortleitungskosten durch Vergleich der Werkselbstkosten der Torfkraftwerke mit dem Kohlekraftwerk ergibt.

Um einen Überblick über die hier in Frage kommenden Größen zu geben, sind die so berechneten Reinüberschüsse im Vergleich mit einem steinkohlegefeuerten Dampfturbinenwerk bei Annahme eines Kohle-Wärmepreises von 2,00 Pf/10 000 kcal dargestellt, und zwar in Abb. 21 für torfgefeuerte Dampfturbinenwerke ohne Nebenprodukte, in Abb. 22 für Torfkraftwerke mit Nebenprodukten, und endlich in Abb. 23 für Torfgaskraftwerke. Als obere Grenze für den Torfgaspreis wurde oben der „Wert“ des Gases ermittelt (Abb. 17). Bei diesen Gaspreisen wird der Reinüberschuß der Torfgaskraftwerke naturgemäß gleich dem in Abb. 21 für torfgefeuerte Dampfturbinenwerke gezeigten. Diese Werte sind in Abb. 23 nochmals strichpunktiert eingezeichnet; sie geben die untere Grenze für die im gasbetriebenen Werk erreichbaren Reinüberschüsse an; bei höheren Gaspreisen arbeiten unmittelbar mit Torf gefeuerte Werke wirtschaftlicher, und zwar mit den durch die strichpunktierten Linien angegebenen Reinüberschüssen. Die Reinüberschüsse können recht beträchtlich werden.

Einnahme aus den Nebenprodukten (ausschl. Torfkohle)

3,60 M/t Torf. 5,49 M/t Torf. 7,31 M/t Torf.

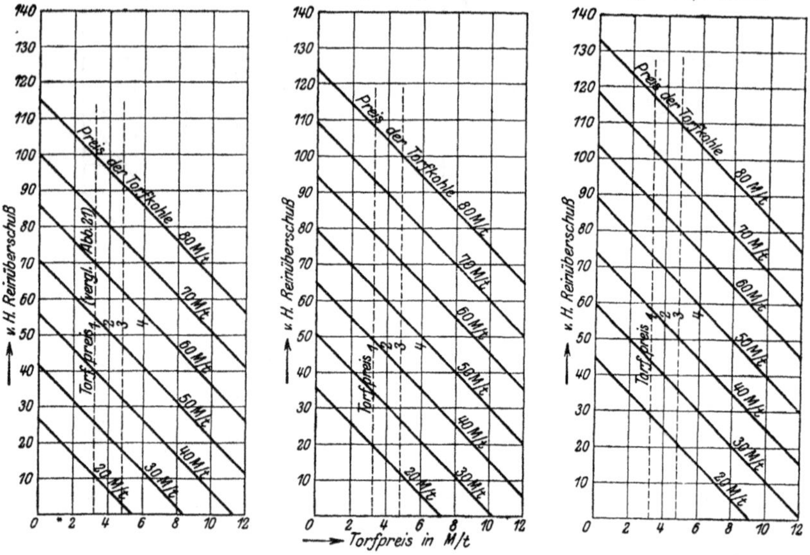

Abb. 24. Reinüberschuß von Torfverkohlungsanlagen (über normale Verzinsung und Abschreibung von 12 vH). Reserve 25 vH.

Besonders zu beachten ist auch hier, daß — wie schon oben (S. 90) erwähnt wurde — die in den Abb. 10—12 dargestellten Grenzen für die Wirtschaftlichkeit der verschiedenen Betriebsarten gegeneinander sich ausschließlich auf eine Gesamtverzinsung von 12% beziehen; für jede andere Verzinsung sind sie anders und müßten auf Grund der erzielbaren Preise für die elektrische Energie in jedem Einzelfalle besonders festgestellt werden.

d) **Torfverkohlungsanlagen.** Daß Torfverkohlungsanlagen in Verbindung mit Kraftwerken den Wettbewerb mit den anderen betrachteten Betriebsarten nicht aufnehmen können, wurde oben (S. 86) gezeigt. Kann man jedoch für die Torfkohle einigermaßen günstige

Preise erzielen, so ist es sehr wohl möglich, Torfverkohlungsanlagen allein mit guter Wirtschaftlichkeit zu betreiben.

Der Reinüberschuß von Torfverkohlungsanlagen ist für die drei angenommenen Stufen der Einnahmen aus den Nebenprodukten und für verschiedene Torf- und Torfkohlepreise in Abb. 24 gezeigt. Bei Torfkohlepreisen von 60—70 M/t, wie sie sich für Torfkohle als Ersatz für Holzkohle erzielen lassen (vgl. S. 55), ergibt sich selbst für die ungewöhnlich hohen Torfpreise von 12 M/t und bei mäßigen Einnahmen aus den Nebenprodukten eine glänzende Rentabilität. Aber auch bei einem Torfkohlenpreise von nur 30 M/t, bei dem die Torfkohle — sofern besondere Transporte nicht in Frage kommen — noch sehr wohl mit Steinkohlekoks in Wettbewerb treten könnte (vgl. S. 55), ergibt sich, je nach den Einnahmen aus den Nebenprodukten, noch bis zu Torfpreisen von 8,3, 10,2 und 12 M/t eine genügende Wirtschaftlichkeit. Torfverkohlungsanlagen bieten also recht beachtliche wirtschaftliche Aussichten, insbesondere wo sie in nicht zu großer Entfernung von Eisenerzgruben angelegt werden können[1]).

5. Wirtschaftlichkeit bei Betrieb mit Torf aus Niederungsmoor.

Die vorstehenden Betrachtungen bezogen sich nur auf Torf aus Hochmooren; denn — wie ausgeführt wurde (S. 6) — kommen die Niederungsmoore für den Abbau gewöhnlich nicht in Betracht. Für die landwirtschaftliche Nutzbarmachung ist aber auch bei den Niederungsmooren eine gründliche Entwässerung nötig, bei der durch die Herstellung der Kanäle Torf gewonnen wird. Ist das Moor so groß, daß diese Torfmengen beträchtlich werden, so könnte es rentabel sein, diesen Torf zu verarbeiten.

Der Stickstoffgehalt des Niederungsmoortorfes ist 2—4% bezogen auf Trockentorf, d. h. 1,5—3% bezogen auf Torf mit einem Feuchtigkeitsgehalt von 25%, gegen 0,8—1,2% bei Hochmoortorf. Heizwert, Ausbeute an Teer und Gas können für diese Rechnung als durchschnittlich etwa gleich denen des Hochmoortorfes angesehen werden. Betrachtet man dann wieder, wie oben, drei Fälle, so hat man

Fall I: Mäßige Ausbeute, schlechte Preise

Sulfat	0,045 . (200—30) M. =	7,65 M.
Teer	0,064 . 50 M. =	3,20 „
		10,85 M/t Torf

Fall II: Gute Ausbeute, gute Preise

Sulfat	0,09 . (250—30) M. =	19,80 M.
Teer	0,064 . 65 M. =	4,16 „
		23,96 M/t Torf

[1]) Vgl. S. 120, Anmerkung 2.

Fall III: Gute Ausbeute, sehr hohe Preise

Sulfat 0,09 . (354—30) M. = 29,16 M.
Teer 0,064 . 80 M. = 5,12 „

34,28 M/t Torf

Infolge des hohen Stickstoffgehaltes werden die Einnahmen aus den Nebenprodukten also außerordentlich hoch. Trotzdem ist die Wirtschaftlichkeit der Verwertung dieses Torfes begrenzt, da seine Gestehungskosten äußerst hohe sind; denn er wird aus dem unentwässerten Moor gewonnen, das bis zu 95% Feuchtigkeit besitzt; die Gestehungskosten betragen also zunächst etwa fast bis zum Dreifachen der Preise für Torf aus Moor mit 85% Feuchtigkeit (vgl. Abb. 1) und können sogar noch etwas höher sein, weil der Abbau, der gewissermaßen unter Wasser erfolgen muß, sich etwas teurer stellen kann, als der Abbau im entwässerten Moor. Allerdings ist zu berücksichtigen, daß zunächst nur die Kosten für die Baggerarbeit aufs Dreifache steigen, nicht aber die mit hohem Anteil beteiligten Trockenkosten, da schon beim Formen der Soden aus Moor mit so hohem Feuchtigkeitsgehalt ein Teil des Feuchtigkeitswassers entfernt wird. — Nebenbei sei erwähnt, daß man für diese Arbeit beim Bau des Hunte—Ems—Kanals durch das Augustfehn in Oldenburg mit dem Hodgeschen Torfschiff[1]) zuletzt ganz gute Erfahrungen gemacht hat[2]); durch den Erlös aus dem Torf konnte der Bau des Kanals kostenlos durchgeführt werden.

Die Wirtschaftlichkeit von Torfkraftwerken und Nebenproduktenanlagen mit den für Niederungsmoortorf angegebenen Einnahmen aus den Nebenprodukten ist in Abb. 25 gezeigt, und zwar nur für eine Anlage mit 40% Reserve und zum Anschluß an ein 5000 kW-Kraftwerk, da größere Werke hier kaum in Frage kommen werden. Man kann aus der Darstellung erkennen, daß bei Einnahmen aus den Nebenprodukten in Höhe von 34,28 M/t Torf die Anlage noch wirtschaftlich arbeitet bei einem Torfpreis bis zur Höhe von 28,6 M/t; bei nur 10,85 M. Einnahmen aus jeder Tonne verarbeiteten Torfes darf der Torfpreis nur 6,6 M/t betragen. Diese Zahlen gelten, wenn gar kein Gas verkauft wird, die chemische Anlage also allein arbeitet. Besteht die Möglichkeit, das Gas in einem Kraftwerk zu verwerten, so ist — je nach dem Belastungsfaktor des Kraftwerkes — eine Steigerung der Rentabilität des chemischen Werkes möglich, so daß es — bei normaler Verzinsung — auch noch Torf zu höherem Preise wirtschaftlich verarbeiten kann. Für die Einnahmen von 10,85 M/t Torf aus den Nebenprodukten ist die mögliche Steigerung der Einnahmen durch Gasverkauf an ein 5000 kW-Kraftwerk dargestellt; danach dürfte bei einem Werkbelastungsfaktor

[1]) The Engineer, Juli- und Augustheft 1872 und Polytechnisches Zentralblatt 1872.

[2]) Hoering, a. a. O. S. 93 und Hausding, a. a. O. S. 154.

von 20 % der Torfpreis schon 8,40 M/t, bei 80 % sogar 13,9 M/t betragen.

Bei der Erwägung des Baues einer solchen Anlage darf nicht vergessen werden zunächst zu berechnen, für wie viele Jahre die Anlage mit diesem Torf aus dem Kanalbau versorgt werden kann. Entsprechend wäre

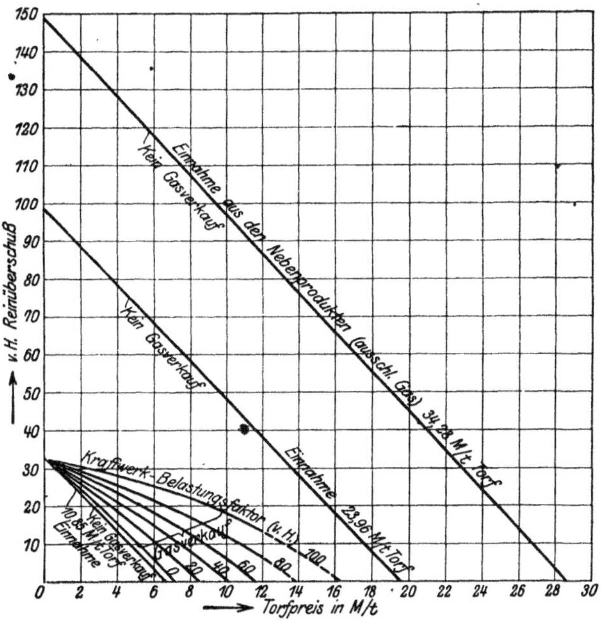

Abb. 25. Reinüberschuß der chemischen Anlage (über normale Verzinsung und Abschreibung von zusammen 12 %) bei Verwendung von Niedermoortorf bei Vollbetrieb (40 % Reserve. — Größe wie bei Anschluß an 5000 kW-Kraftwerk).

die Höhe der Abschreibung in die Wirtschaftlichkeitsberechnung einzusetzen, zur Prüfung der Frage, ob das Werk unter den gegebenen Verhältnissen überhaupt lebensfähig ist.

III. Sonderfälle.

1. Gemeinsame Verwendung von Dampfturbinen und Gasmaschinen.

Die wirtschaftliche Überlegenheit der Gasmaschine über die Dampfturbine macht sich nur bei möglichst hoher Belastung geltend, wo die wärmetechnischen Vorzüge der Gasmaschine nicht mehr durch ihre hohen Anlagekosten aufgehoben werden. Auch die Gasgeneratoren arbeiten nur bei hoher Belastung günstig. Aus diesen Gründen ist vielfach vorgeschlagen worden, die Dauerlast des Kraftwerkes von Gasmaschinen mit Nebenproduktenanlagen übernehmen zu lassen, die Belastungsspitzen aber durch Dampfturbinen (ohne Nebenproduktengewinnung) zu decken. Die betriebstechnischen und wirtschaftlichen Verhältnisse, die sich bei solcher Anordnung ergeben, sind jedoch, soweit bekannt, noch nicht untersucht worden.

Es bedeute:

S die Spitzenbelastung,

L_m die mittlere Jahresbelastung,

$m = \frac{L_m}{S}$ den Belastungsfaktor des ganzen Werkes,

S_g, L_{mg} und $m_g = \frac{L_{mg}}{S_g}$ die entsprechenden Größen des Gasmaschinenteils,

S_t, L_{mt} und $m_t = \frac{L_{mt}}{S_t}$ die entsprechenden Größen des Dampfturbinenteils des Kraftwerkes (Abb. 26).

Dann ist

$$1.)\quad S_t = S - S_g$$

$$L_{mt} = L_m - L_{mg}$$

$$= m\,S - m_g\,S_g$$

somit

$$2.)\quad m_t = \frac{m\,S - m_g\,S_g}{S - S_g}.$$

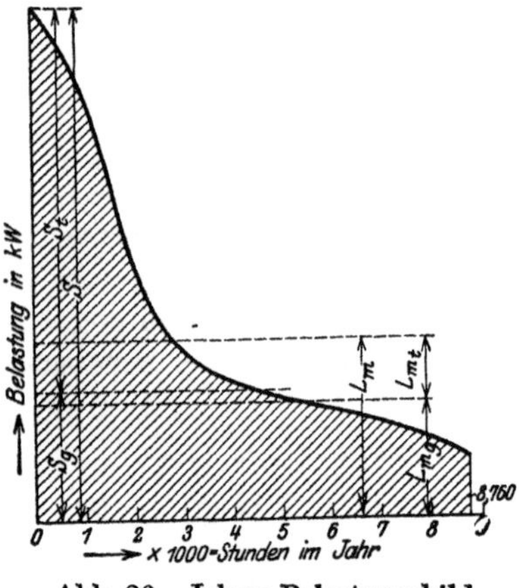

Abb. 26. Jahres-Belastungsbild.

Hierin sind bekannt m und S; die Belastung des Werkes während der Stunden des Jahres, das Jahresbelastungsbild (Abb. 26) muß ebenfalls bekannt sein, oder nach Art des Anschlusses schätzungsweise angenommen werden. Danach ist S_g anzunehmen, womit sich m_g aus dem Schaubild ermitteln läßt; dann kann man S_t und m_t nach Gl. 1 und 2 berechnen.

Beispielsweise sei

$S = 100\,000$ kW

$m = 0{,}35$ (Industrie und Bahnanschluß)

$S_g = 25\,000$ kW

$m_g = 0{,}9$,

dann wird $S_t = 75000$ und $m_t = 0{,}167$; m_t ist dabei also noch gar nicht außergewöhnlich klein.

Die Wirtschaftlichkeit eines solchen gemischten Werkes wird mit der eines einheitlichen Werkes am besten wieder durch die gesamten Betriebskosten verglichen. Die Anlagekosten für die einheitlichen Werke von 100 000 kW sind auf S. 80 wie folgt angegeben:

	Dampfturbinen ohne Nebenproduktenanlage	Dampfturbinen mit Nebenproduktenanlage	Gasmaschinen mit Nebenproduktenanlage
Maschinen- und Kesselanlage	22,5	21,2	32,4
Nebenproduktenanlage nebst Generatoren u. Zusatzdampfanlage	—	40,0	25,2
Gesamte Anlagekosten	22,5	61,2	57,6 Mill. Mark

Für das gemischte Werk ergibt sich:

	75 000 kW Dampfturbinen-anlage ohne Nebenproduktenanlage	25 000 kW Gasmaschinen-anlage mit Nebenproduktenanlage
Maschinen- und Kesselanlage	17,4	8,17
Nebenproduktenanlage nebst Generatoren und Zusatzdampfanlage	—	6,44
	17,4	14,61
Gesamte Anlagekosten	32,01 Millionen Mark	

Die Anlagekosten sind zwar etwa 50 vH größer, als für ein einheitliches Dampfturbinenwerk, aber nur etwa halb so groß, wie für die einheitlichen Werke mit Nebenproduktenanlage.

Der Brennstoffverbrauch ergibt sich bei dem gemischten Werk fast genau gleich dem bei einem einheitlichen Dampfturbinenwerk bei gleichem Werklastfaktor. Sind Einnahmen aus Nebenprodukten also nicht vorhanden (reine Gasmaschinenanlage) oder sind sie sehr klein, so müssen wegen der höheren Anlagekosten die gesamten Betriebskosten die eines einheitlichen Dampfturbinenwerkes übersteigen.

Die gesamten Betriebskosten für einen Belastungsfaktor des ganzen Werkes von 35 vH wurden für die einheitlichen Werke den oben gegebenen Abbildungen entnommen, für das gemischte Werk in der oben beschriebenen Art berechnet. In Abb. 27 sind die Kosten für verschiedene Torfpreise und je für die verschiedenen, früher angenommenen Einnahmen aus den Nebenprodukten eingetragen.

Hier ergibt sich nun, daß in dem vorliegenden Beispiel bei Einnahmen aus den Nebenprodukten von 7,28 M/t Torf das gemischte Werk bei den üblichen Torfpreisen um 2—3 vH billiger arbeitet, als das billigst arbeitende einheitliche Werk. Wegen dieser geringen Verbesserung der Wirtschaftlichkeit wird man aber wohl kaum die Komplikation des gemischten Betriebes wählen, zumal als billigstes Einheitswerk

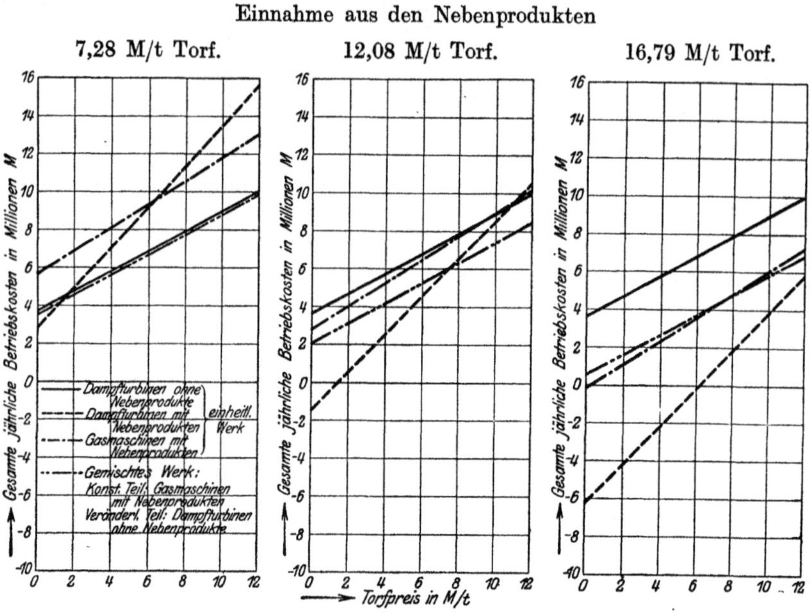

Abb. 27. Vergleich der gesamten jährlichen Betriebskosten bei einheitlichem und bei gemischtem Werk. 100 000 kW-Werk. Belastungsfaktor 35 vH.

hier das Dampfturbinenwerk ohne Nebenproduktenanlage in Frage kommt, das durch Wegfall der Nebenproduktenanlage so sehr viel einfacher im Betrieb wird und wirtschaftlich unabhängig vom Marktpreis der Nebenprodukte arbeitet.

Ist der Marktpreis der Nebenprodukte höher, so arbeitet als Einheitswerk das Dampfturbinenwerk mit Nebenproduktenanlage billiger als ein Dampfturbinenwerk ohne Nebenproduktengewinnung. Das gemischte Werk ist hier bei dem einheitlichen Werk wirtschaftlich unterlegen bei niedrigen Torfpreisen, bei höheren kehrt sich das Verhältnis um, und dann kann die Überlegenheit des gemischten Werkes beachtlich werden. Diese Überlegenheit tritt aber erst bei um so höheren Torfpreisen ein, je höher die Einnahmen aus den Nebenprodukten sind.

Es sei noch besonders darauf hingewiesen, daß diese Ergebnisse keine allgemeine Gültigkeit haben, sondern nur für das gewählte Beispiel gelten; andere Jahresbelastungsbilder, andere Belastungsfaktoren des Werkes werden andere Ergebnisse liefern. Soviel aber hat die Betrachtung gezeigt, daß man nicht von vornherein sagen kann, die Anlage eines gemischten Werkes ist unter allen Umständen dem einheitlichen Werk unterlegen. Bei einem bestimmten vorliegenden Falle wird auch diese Möglichkeit zu prüfen sein. Erweist sich dann das gemischte Werk wirtschaftlicher, so wird weiter zu untersuchen sein, ob sich etwa auch hier ein selbständiger Wirtschaftsbetrieb der chemischen Anlage empfiehlt.

2. Verwendung eines Gasbehälters.

Bei einem Kraftwerk muß die Leistung der vorhandenen Maschinen so groß sein, daß sie — ausschließlich der notwendigen Reserven — imstande sind, die Belastungsspitzen zu decken; arbeitet das Kraftwerk mit einer Nebenproduktenanlage, so muß diese so bemessen sein, daß sie das Kraftwerk dauernd mit einer ausreichenden Menge von Betriebsgas versorgen kann. Dies ist nun auf zwei Arten möglich: erstens kann die Nebenproduktenanlage so groß sein, daß sie stets der Belastung des Kraftwerkes folgen kann, also in jedem Augenblick — somit auch bei Spitzenlast — so viel Gas liefert, wie das Kraftwerk zur Zeit gebraucht; bisher wurde stets dieser Fall betrachtet. Zweitens aber kann zwischen den Gasgeneratoren der Nebenproduktenanlage und dem Kraftwerk ein Gasbehälter eingeschaltet sein, der während der Zeit geringerer Belastung des Kraftwerkes Gas aufspeichert, und es zur Zeit der Belastungsspitzen als Zuschuß der Gaslieferung aus den Generatoren in das Kraftwerk schickt. Es ist klar, daß durch eine solche Anordnung bei gegebener Größe des Kraftwerkes die Nebenproduktenanlage kleiner werden kann, als wenn das Werk ohne Gasbehälter arbeitet; überdies würde dabei die Nebenproduktenanlage mit höherem Belastungsfaktor, also wirtschaftlicher arbeiten. Andererseits kann eine wirtschaftlich selbständig arbeitende chemische Anlage bestimmter Größe durch Anordnung eines Gasbehälters die Versorgung eines größeren Kraftwerkes übernehmen, dadurch mehr Gas verkaufen und auf diese Weise gegebenenfalls ihre Rentabilität verbessern.

Zur Ermittlung der durch die Anordnung eines Gasbehälters veränderten Anlage- und Betriebskosten genügt hier das Jahresbelastungsbild nicht. Denn die Wirkung des Gasbehälters ist durchaus abhängig von der Dauer jeder einzelnen Belastungsspitze, und den zeitlich vorhergehenden und folgenden Belastungen. Dies kann nur aus den Tagesbelastungskurven entnommen werden, und zwar müssen hierzu die ungünstigsten Tageskurven gewählt werden, d. h. die mit den höchsten, längstdauernden und nächstliegenden Spitzenlasten bei verhältnismäßig höchsten Niederlasten; dies braucht nicht immer die Tageskurve zu sein, welche die tatsächliche Jahreshöchstlast aufweist. — Eine allgemein gültige Betrachtung ist somit auch hier nicht möglich.

Gasbehälter werden zur Zeit in Größen von 10 000—250 000 cbm Inhalt hergestellt (z. Z. größter europäischer mit 250 000 cbm in Wien), doch soll New York einen Behälter von 500 000 cbm Inhalt besitzen[1]); hier sei als größter ein Behälter von 250 000 cbm Inhalt angenommen. Die Glocke des Gasbehälters schwimmt, durch den Gasdruck getragen, auf der Wasserfüllung des Behälters; hierbei ist der Gasdruck bei teleskopierten Glocken 180—200 mm WS[2]). Nimmt man einen Druck von 200 mm Ws = 0,02 kg/cm² Überdruck an, so ist mit einem Gasinhalt von 250 000 × 1,02 cbm zu rechnen, bezogen auf 0° und 760 mm Quecksilber. Unter Berücksichtigung des Gasverlustes von schätzungsweise 2 vH vermindert sich der Gasinhalt wieder auf 250 000 cbm. Diese Gasmenge von 1150 kcal/cbm Heizwert kann je nach Art und Größe des Kraftwerkes folgende Energiemengen erzeugen:

Art des Kraftwerkes	Dampfturbinenwerk mit gasgefeuerten Kesseln	Gasmaschinenwerk	Dampfturbinenwerk mit gasgefeuerten Kesseln	Gasmaschinenwerk	Dampfturbinenwerk mit gasgefeuerten Kesseln	Gasmaschinenwerk
Fall	A	B	A	B	A	B
Spitzenleistung des Kraftwerkes kW	100 000		36 000		5 000	
Gesamtwärmeverbrauch einer Maschine mit Zubehör einschl. aller Verluste (vgl. S. 70/71) kcal/kWst	5 450	3 570	6 020	3 570	7 580	4 100
250 000 cbm Gas können erzeugen kWst	52 800	80 600	47 600	80 600	38 000	70 000

Es sei nun — als Beispiel — eine Tageslastkurve genommen, wie sie in Abb. 28 dargestellt ist, und wie sie bei einem größeren Werk mit Licht-, Industrie- und Landwirtschaftsanschluß etwa auftritt. Dann zeigt es sich, daß man durch Anordnung eines Gasbehälters von 250 000 cbm Inhalt bei einem 100 000 kW-Werk 23 vH an Spitzenleistung der Nebenproduktenanlage ersparen kann, wenn das Kraftwerk mit Dampfturbinen arbeitet, 28 vH, wenn es mit Gasmaschinen ar-

---

[1]) H. Ost, Lehrbuch der Chemischen Technologie. Leipzig 1918, S. 338.

[2]) Vgl. Hütte, 18. Aufl., Teil II, S. 798.

beitet. Bei einem 36 000 kW-Werk ergeben sich entsprechend 33 und 41 vH Handelt es sich jedoch um ein 5000 kW-Werk, so ist zum Ausgleich der **Tages**belastung ein solcher Gasbehälter viel zu groß: die mittlere Tagesleistung ist nur 56,7 vH der Spitzenlast; zum völligen Ausgleich der Spitzen (13 100 kWst) genügt ein Gasbehälter von 86 200 cbm Inhalt bei Anwendung von Dampfturbinen im Kraftwerk und ein solcher von nur 46 700 cbm bei Gasmaschinen; die Spitzenleistung der Nebenproduktenanlage wird damit um 43,3 vH kleiner als ohne Gasbehälter. Ein Ausgleich zwischen Sommer- und Winterbelastung durch einen Gasbehälter kommt wohl kaum in Betracht; auch wären die Gasverluste dabei ziemlich groß.

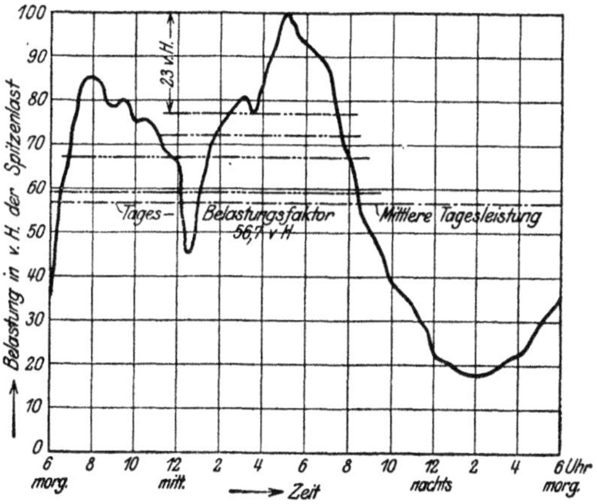

Abb. 28. Tages-Lastkurve. — Höchste (Winter-)Belastung.

Zur Prüfung der Frage, ob die Anwendung eines Gasbehälters wirklich wirtschaftliche Vorteile bringt, werden wieder Anlagekosten und Jahresbetriebskosten einer solchen Anlage zu vergleichen sein mit einer Anlage **ohne** Gasbehälter.

Die **Anlagekosten** für einen Gasbehälter stellen sich für ganz große Gasbehälter auf etwa 9,— M., für den Gasbehälter von 86 200 cbm Inhalt auf etwa 20,— M., für den von 46 700 cbm Inhalt auf etwa 28,— M. je cbm nutzbaren Fassungsraum[1]). Für die Gaspumpen, Leitungen, Gasdruckregler usw. sei ein Zuschlag von rund 10 vH gemacht, so daß gerechnet werde mit 10, 22 und 31 M/cbm; dann ergeben sich die Anlagekosten zu 2,5, 1,9 und 1,45 Millionen M. Unter Berücksichtigung der Verminderung der Anlagekosten des Nebenproduktenwerkes erhält man dann (in Millionen M.)

---

[1]) **Hütte**, 18. Aufl., Abt. II, S. 800.

Fall	Spitzenlast kW 100 000 A	100 000 B	36 000 A	36 000 B	5 000 A	5 000 B
Gasbehälter mit Zubehör	2,5	2,5	2,5	2,5	1,90	1,45
Nebenproduktenanlage nebst Generatoren und Zusatz-Dampfanlage . .	32,5	19,2	11,6	5,96	1,99	0,97
Gesamtkosten Mill. Mark	34,7	21,7	14,1	8,46	3,89	2,42
Bei Anlage ohne Gasbehälter betragen die Kosten der vollständigen Nebenproduktenanlage nebst Zubehör (S. 80/81) Mill. Mark	40,0	25,2	16,04	9,00	3,14	1,46
Ersparnis durch Gasbehälter Mill. M.	5,3	3,5	1,94	0,54	—0,75	—0,96
Ersparnis durch Gasbehälter in vH der Nebenproduktenanlage	13,3	13,9	12,1	6,0	—	—
In vH der Gesamtanlage	8,7	6,1	7,9	2,7	—	—

Bei den kleineren Werken wird in diesem Beispiel die Anlage durch Anordnung eines Gasbehälters nicht nur nicht billiger, sondern teurer, weil die kleineren Gasbehälter unverhältnismäßig teurer sind als die großen. Wenigstens ergibt sich dies nach den rohen Angaben, auf die sich diese überschlägliche Rechnung, die ja hauptsächlich erst einmal den Weg weisen will, nur stützen konnte.

Bei den größeren Werken aber zeigt sich zum Teil eine nicht unbedeutende Verminderung der Anlagekosten. Damit vermindern sich die gesamten Betriebskosten wegen der kleineren Kosten für Verzinsung und Abschreibung; die Betriebskosten verringern sich aber auch durch kleinere Kosten für Löhne infolge der kleineren Anlage und durch geringeren Brennstoffverbrauch wegen des besseren Wirkungsgrades der mit viel höherer Durchschnittsbelastung laufenden Gasgeneratoren. Demgegenüber kommen hierzu die durch den Gasbehälter entstehenden Betriebskosten, die aber sehr klein sind.

Auch die Frage, ob durch Einbau eines Gasbehälters die Wirtschaftlichkeit der Anlage zu erhöhen ist, wird somit im gegebenen Falle an Hand vorliegender oder als wahrscheinlich angenommener Tageslastkurven gesondert zu prüfen sein. Nur bei ganz großen Werken scheint sich ein wirtschaftlicher Vorteil zu ergeben, der um so größer wird, je ausgeprägtere Belastungsspitzen das Tageslastbild aufweist. Die Grenzen für den Bereich größerer Wirtschaftlichkeit zwischen Werken mit und ohne Nebenprodukten können sich dabei gegebenenfalls stark zugunsten der Werke mit Nebenproduktenanlage verschieben. —

Bei Untersuchung der an zweiter Stelle aufgeworfenen Frage, ob und wieweit ein wirtschaftlich selbständig arbeitendes Chemisches

Werk durch Einbau eines Gasbehälters seine Rentabilität verbessern kann, sei zunächst angenommen, daß das Werk dauernd mit Vollast arbeitet (Abb. 20).

Aus der Tageslastkurve des angeschlossenen Kraftwerkes kann dann ermittelt werden, um wieviel sich das Kraftwerk infolge Anordnung des Gasbehälters über die Spitzenleistung des Chemischen Werkes (bezogen auf die Gaserzeugung) hinaus vergrößern kann. Aus dem Gasmehrverbrauch dieses vergrößerten Kraftwerkes über den eines Werkes von gleicher Spitzenleistung wie die Chemische Anlage lassen sich die Mehreinnahmen des Chemischen Werkes berechnen; sind sie größer als die durch Anlage und Betrieb des Gasbehälters entstehenden Kosten, so ist dessen Anlage wirtschaftlich gerechtfertigt.

Arbeitet das chemische Werk mit einem dem Kraftwerk angepaßten Betrieb (Abb. 19), so sind die durch die Mehreinnahme aus den Nebenprodukten, vermindert um die Mehrkosten des Brennstoffes sich ergebenden Mehr- oder Minderkosten zu berücksichtigen.

Ein wirtschaftlicher Vorteil für das chemische Werk wird sich in beiden Fällen bei etwa den gleichen Verhältnissen ergeben, wie bei den zuvor betrachteten Anlagen mit einer infolge der Anordnungen des Gasbehälters verkleinerten Nebenproduktenanlage bei bestimmter Größe des Kraftwerkes.

IV. Ergebnisse der Untersuchungen.

Die vorstehenden Untersuchungen gelten nur für die vorausgesetzten mittleren Durchschnittsverhältnisse. Kein Brennstoff aber ist verschiedenartiger als der Torf; nicht nur in fast jedem Moor ist er anders, auch in demselben Moor können — bei größerer Ausdehnung in Fläche und Tiefe — erhebliche Verschiedenartigkeiten in der Zusammensetzung des Torfes eintreten. Die Rechnungen sind deshab stets für jeden Einzelfall besonders durchzuführen.

Ändert sich die Ausbeute an Nebenprodukten, so ist nach den für drei verschiedene Stufen der Einnahmen aus den Nebenprodukten durchgeführten Rechnungen jedenfalls die Richtung erkennbar, in der sich damit die Ergebnisse der Untersuchungen ändern; auch die Größe der Änderung läßt sich in den meisten Fällen wenigstens schätzen.

Ist der Heizwert des Torfes kleiner als der als Mittelwert angenommene von 3500 kcal, so ist der Verbrauch an Brennstoff bei sonst gleichen Verhältnissen umgekehrt proportional größer als der berechnete; dementsprechend steigen die Brennstoffkosten. Da die Einnahmen aus den Nebenprodukten (ausschließlich Gas) für die Tonne Torf durch die Verschiedenheit des Heizwertes an sich nicht geändert werden, steigen aber infolge des vermehrten Torfverbrauchs auch die Gesamteinnahmen aus den Nebenprodukten. Die gesamten Betriebskosten werden dann größer oder kleiner als berechnet, je nachdem die Mehreinnahmen aus den Nebenprodukten kleiner oder größer sind als die Mehrkosten des Brennstoffes. Dementsprechend ändert sich die Rentabilität gegenüber der berechneten.

Steigt die Gesamtverzinsung über die angenommenen 12%, so verschieben sich die Grenzen für das Bereich, in dem eine Betriebsart (Dampfturbinen ohne oder mit Nebenproduktengewinnung, Gasmaschinen mit Nebenproduktenanlage) die wirtschaftlichste ist, zugunsten der Anlage, welche die geringeren Anlagekosten hat; im entgegengesetzten Falle tritt das Umgekehrte ein.

Für die angenommen „normalen Fälle“ haben die Untersuchungen ergeben:

1. Torfkraftwerke arbeiten bei normalen Torfpreisen billiger als Steinkohlewerke; bei großen Torfkraftwerken ist dies sogar noch bei verhältnismäßig hohen Torfpreisen der Fall.
2. Bei gewöhnlicher Verzinsung und bei nicht außergewöhnlich hohen Torfpreisen sind Gasmaschinenwerke mit Nebenproduktenanlage Dampfturbinenwerken mit oder ohne Nebenproduktengewinnung wirtschaftlich unterlegen. Dampfturbinenwerke mit Nebenproduktenanlage sind denen ohne solche Anlage wirtschaftlich überlegen bei Belastungsfaktoren von etwa mehr als 50 vH an bei mäßigen Einnahmen aus den Nebenprodukten, aber schon von etwa 15 vH mittlerer Belastung an bei sehr gutem Erlös aus den Nebenprodukten.
3. Die Werkselbstkosten der erzeugten kWst werden in Werken mit Nebenproduktenanlage äußerst gering, müssen aber im allgemeinen auch bei überschießenden Einnahmen aus den Nebenprodukten so berechnet werden, daß die im Kraftwerk selbst entstehenden Unkosten nicht unterschritten werden. — Die Einnahmen aus den Nebenprodukten können dabei einen sehr großen Reinüberschuß ergeben.
4. Auch Werke mittlerer Größe arbeiten bei Torfbetrieb mit befriedigender Wirtschaftlichkeit.
5. Es erscheint im allgemeinen wirtschaftlich vorteilhaft, das Kraftwerk und die Nebenproduktenanlage als getrennte Wirtschaftsbetriebe arbeiten zu lassen[1]).
6. Torfverkohlungsanlagen versprechen eine gute Rentabilität[2]).

[1]) In Klazienaveen (Holland) ist eine Fabrik für die Gewinnung von schwefelsaurem Ammoniak durch Torfvergasung errichtet worden. (Allg. Handelsblad 25. IX. 18.)

[2]) Die Vesper Brick & Tire Co., Vesper, Wisc., hat eine Nebenindustrie zur Gewinnung von Koks aus Torf, der sich in der Umgebung ihrer Anlage in großen Mengen vorfindet, mit einem Kapitalaufwand von 0,5 Mill. ins Leben gerufen. (Iron Age, 22. VIII. 18.)

7. Niederungsmoortorf aus den Entwässerungskanälen kann bei guten Einnahmen aus den Nebenprodukten (trotz hoher Torfpreise) häufig mit befriedigender Wirtschaftlichkeit verarbeitet werden.
8. Die gemeinsame Verwendung von Dampfturbinen und Gasmaschinen kann wirtschaftlich Vorteile bringen; dies kann nur im Einzelfalle geprüft werden.
9. Der Einbau eines Gasbehälters in einem Werk mit Nebenproduktenanlage kann bei großen Werken wirtschaftlich vorteilhaft sein; auch dies ist aber nur von Fall zu Fall festzustellen.

V. Durchführung des Unternehmens.

1. Vorarbeitenfolge.

Die Durchführung eines Unternehmens, wie es die Errichtung großer Torfkraftwerke darstellt, kann ohne Zugrundelegung eines ganz bestimmten Falles naturgemäß nur in ganz groben Umrissen dargestellt und nur in den Grundzügen besprochen werden. —

Ist die Urbarmachung eines bestimmten Moores im Zusammenhang mit emem Kraftwerk in Aussicht genommen, so wird zunächst — nach Schätzung seiner Größe und Mächtigkeit — zu prüfen sein, ob es genügend lange ein Kraftwerk ausreichender Größe zu speisen vermag. Vorerhebungen über den zu erwartenden Konsum an elektrischer Energie (unter Berücksichtigung des Bedarfes für den Torfabbau), über etwa heranzuziehende Industrien, über Anschluß von Ortschaften, bestehenden Elektrizitätswerken, Bahnen usw. werden zu diesem Zeitpunkte schon einzusetzen haben. Alsdann sind unter genauer Beobachtung der hierfür gegebenen Vorschriften dem Moore an verschiedenen Stellen, aus verschiedenen Tiefen und aus dem Untergrunde Proben zu entnehmen, die in einer (der Sicherheit wegen vielleicht in mehreren) der staatlichen Moorversuchsanstalten nach allen Richtungen genauestens und möglichst sorgfältig geprüft werden müssen. Ergibt diese Prüfung ein agrikulturchemisch günstiges Ergebnis und einen genügenden Heizwert, sowie eine solche mittlere Zusammensetzung des Torfes, die eine gute Verfeuerung oder eine gute Verarbeitung bei wenigstens genügender Ausbeute an Nebenprodukten als zweifellos annehmen läßt, so ist zunächst das Moor genau zu vermessen; die Vermessung hat sich auf Umfang und auf Lage und Gestaltung der Oberfläche und des Untergrundes zu erstrecken. Die Art und Zusammensetzung des Untergrundes ist mit Bezug auf die spätere Fehnkultur zu untersuchen, sowie seine Eignung als Baugrund. Ferner ist die Lage des Vorfluters und die Terraingestaltung bis zu ihm festzustellen. Nach dieser Vermessung ist ein ausführlicher Entwässerungsplan zu entwerfen, unter Berücksichtigung der landwirtschaftlichen Nutzung, der Bebauung möglichst mit elektrisch betriebenen Ackergeräten und unter Berücksichtigung der Anforderungen des Landtransportes und der Schiffahrt; dies wird besonders bei der Führung der Kanäle und bei der Wahl ihrer Profile zum Ausdruck kommen.

Für den Abbau des Moores sind, unter Berücksichtigung der erforderlichen großen Trockenfelder, genaue Pläne aufzustellen, ebenso für die landwirtschaftliche Bebauung des nur entwässerten und des bereits abgetorften Moorteiles, und zwar ist dabei die Schaffung genügend großer Trockenfelder nicht zu übersehen.

Nunmehr kann die Wirtschaftlichkeit der Hochmoorkultivierung berechnet werden, die Torfförderanlage und die Torfpreise unter Berücksichtigung der zu zahlenden Löhne, sowie die genauere zu erwartende höchste mittlere Jahresleistung der Torfkraftwerke bei Annahme einer Abbauzeit, die eine Abschreibung von nicht mehr als normaler Höhe verlangt. Durch die Vorerhebungen ist Höhe und Art des zu erwartenden Anschlusses zunächst gegeben; hiernach können die wahrscheinlichen Tageslastkurven und das Jahresbelastungsbild schätzungsweise aufgestellt werden, womit man die ersten Unterlagen für Größe und Belastung des Kraftwerkes und für die Berechnung seiner Wirtschaftlichkeit bei günstigster Betriebsart hat. Um wiederum diese zu ermitteln, wird die Marktlage für die Nebenprodukte zu untersuchen und der vorsichtig geschätzte Erlös aus den Nebenprodukten für die nächsten Jahre festzustellen sein (geeignete Handelskammern usw. sind gegebenenfalls um Gutachten anzugehen).

Bei diesen Wirtschaftlichkeitsberechnungen wäre auch die Frage zu prüfen, ob es sich vielleicht empfiehlt, auch die Torfgewinnung als gesonderten Wirtschaftsbetrieb zu führen. Das Anlagekapital ist nicht unbeträchtlich, der Betrieb ist ohnehin völlig getrennt vom Kraftwerk, so daß für die gesonderte Bewirtschaftung immerhin einiges spräche; dann müßte der Torf vom Kraftwerk gekauft werden.

Wird die nach den Vorerhebungen angesetzte mittlere Jahresbelastung so groß, daß die Abbauzeit sich gegenüber der nach den Moorverhältnissen angenommenen verkürzt, so ist zu prüfen, ob sich mit dem hierdurch erforderlich gewordenen erhöhten Abschreibungssatze noch eine befriedigende Rentabilität erzielen läßt, oder ob die etwa notwendig werdenden Preiserhöhungen für die elektrische Energie noch den Absatz in gleichem Umfange ermöglichen. Ist das nicht der Fall, so muß auf einen entsprechenden Teil des angesetzten Anschlusses verzichtet werden. Zu beachten ist, daß eine Verkürzung der Abbauzeit auch eine Steigerung der Torfpreise herbeiführen kann wegen der zu erhöhenden Abschreibung auf die Torfmaschinen. Auch darf nicht vergessen werden, daß die Torfpreise in der ersten Zeit sich etwas höher stellen werden, als berechnet, weil die Entwässerung des Moores noch nicht weit genug durchgeführt ist. Endlich können sich in einer späteren Periode des Abbaues gewisse kleinere Preiserhöhungen ergeben durch die größere Entfernung der jeweiligen Abbaustelle vom Kraftwerk. Alles dieses ist in Rechnung zu setzen, bevor man zu bestimmterer Preisstellung für die elektrische Energie schreitet.

2. Kostenverteilung.

Aber noch anderes ist zu berücksichtigen. — Bei der Kostenfeststellung für den Torf wurden Landkosten und auch Entwässerungskosten nicht in Rechnung gestellt; es wurde vielmehr angenommen, daß das entwässerte Moor zum Abbau kostenlos zur Verfügung gestellt werde. Diese Annahme ist dadurch berechtigt, daß sich dem Mooreigentümer die Kosten der Entwässerung durch den landwirtschaftlichen Ertrag des vorher brachliegenden Landes, wie oben (S. 7) angeführt wurde, gut verzinsen und abschreiben. Dies wäre indessen, wie erwähnt, im Einzelfalle unter Berücksichtigung der jeweiligen Preise für Löhne, Düngemittel und landwirtschaftliche Erzeugnisse noch sorgfältig zu prüfen; dabei ist aber zu beachten, daß die Anlage der zur Entwässerung nötigen kleinen Gräben oder Drains unter Benutzung geeigneter maschineller Hilfsmittel ganz erheblich billiger wird durchgeführt werden können, als dies bisher bei Handbetrieb geschah. — Da die Rentabilität bei Fehnkultur, das heißt bei einer landwirtschaftlichen Nutzung nach Abbau des Torfes, auf die Dauer eine noch bessere sein soll, als bei Hochmoorkultur, bestünde für den Moorbesitzer ein Interesse an der Fortschaffung des Torfes.

Der Abbau erfordert natürlich, je nach der Größe und mittleren Belastung des Kraftwerkes, eine größere Reihe von Jahren. Deshalb könnten, falls sich dies als wirtschaftlich ergibt, entferntere Teile des Moores baldmöglichst nach ihrer Entwässerung in Hochmoorkultur genommen werden. Die Zerstörung dieser Kultur durch die spätere Abtorfung und die neu entstehenden Kosten durch Aufbringen der Moostorfdecke auf den Untergrund, Einebnung und Düngung wären bei der Berechnung für die Wirtschaftlichkeit dieser Maßnahme in Rechnung zu setzen; ebenso auch die Unterbrechung der landwirtschaftlichen Nutzung während des Torfabbaues und während der Vorbereitung des Untergrundes für die Bepflanzung. Sollte sich hierbei ergeben, daß der Torf mit einem gewissen Anteil an den Kosten dieser Kulturmaßnahmen, die bei seiner Gewinnung zerstört oder in ihrem Ertrag unterbrochen werden, zu belasten ist, so würde dies bei den Gestehungskosten für den Torf gegebenenfalls in Rechnung zu stellen sein. Die hier etwa auf den Torf entfallenden Mehrkosten können aber auch im äußersten Falle nicht sehr erheblich sein. Bei der gemachten Annahme von 4 m Mächtigkeit des Moores erhält man aus einem Hektar 2670 t lufttrockenen Torf. Die Kosten der Arbeiten (einschließlich Mehrdüngung vor erster Bestellung), die bei Zerstörung der Hochmoorkultur verloren gehen, belaufen sich, reichlich gerechnet, auf etwa 200 M/ha; rechnet man dazu an Zinsverlust, bezogen auf die Kosten für Landerwerb und Entwässerungskanäle, für zweijährige Unterbrechung des Ertrages sehr hoch 90 M/ha, so ergibt sich ein Mehrpreis von 10,9 Pf. für die Tonne lufttrockenen Torf, d. h. ein Zuschlag, der, selbst bei Annahme allerniedrigster Torfpreise nur 3,4 vH beträgt, also nicht ins Gewicht fällt.

Es sei noch erwähnt, daß bei Berechnung der Wirtschaftlichkeit der Kultivierung auf Grund der oben erwähnten Verteilung der Kosten als die Kosten herabsetzend der Erlös aus dem Torf einzurechnen ist, der bei dem Bau der Kanäle aus dem Moor gewonnen wird. Das Kraftwerk könnte indessen für diesen Torf natürlich nur einen normalen Preis bezahlen; der Unterschied zwischen diesem und den tatsächlichen Gestehungskosten bei der Gewinnung aus dem noch unentwässerten Moor wird zu Lasten der Kultivierung gehen müssen; ebenso wie die Zinsen für den Erlös des Torfes bis zu seiner tatsächlichen Übernahme durch das Kraftwerk.

3. Sicherstellung der Torfgewinnung.

Der eigentliche Abbau des Torfes kann nur nach vorheriger genügender Entwässerung des betreffenden Moorteiles geschehen. Wie lange Zeit erforderlich ist, bis sich eine wirtschaftliche Torfgewinnung ermöglicht, ist allgemein kaum vorher zu sagen. In der Literatur finden sich Angaben von wenigen Monaten bis zu zwei Jahren. Keinesfalls aber darf das Kraftwerk in Betrieb gehen, bevor die Lieferung von genügenden Mengen Torf zu angemessenem Preise durchaus gesichert ist. Aus der Nichtbeachtung dieses Erfordernisses sind bei früheren Anlagen schon schwere und vernichtende wirtschaftliche Rückschläge erfolgt.

a) Freie Arbeiter. Die Sicherstellung der Torflieferung ist aber nicht nur das Wichtigste, sondern auch das Schwierigste des Unternehmens; und zwar ist das ganze in der Hauptsache eine Leutefrage. Hierauf wurde ja schon oben hingewiesen; auch wurde gezeigt, wie man durch Anwendung von Maschinen die Leutezahl etwa auf die Hälfte vermindern könnte, sobald entsprechende Maschinen, wie sie vom Verf. vorgeschlagen wurden, durchgebildet sind. Man könnte dann beispielsweise bei der Förderung für ein torfgefeuertes Kraftwerk von 100 000 kW bei 25 vH Leistungsfaktor etwa statt mit 2600 mit nur etwa 1200 Menschen arbeiten, also rund 1400 Leute (Frauen und Kinder) beim Wenden und Häufeln sparen. Das ist zwar eine ungeheure Ersparnis; aber der Rest genügt, um recht bedenkliche Schwierigkeiten zu machen. Einen kleinen Teil der Leute wird man ja im Winter in das Kraftwerk übernehmen können. Woher aber sollen — um bei dem Beispiel zu bleiben — 1200 Menschen, zum Teil gelernte Arbeiter, für

Landarbeit während der vier Frühjahrs- und Sommermonate beschafft werden? Sie auf dem freien Arbeitsmarkte anzuwerben, wird voraussichtlich in Zukunft auf noch größere Schwierigkeiten stoßen, als sie für die Beschaffung von landwirtschaftlichen Arbeitern schon früher bestanden. Die in der Berechnung eingesetzten Löhne — fast ausschließlich für nur achtstündige Schicht mit entsprechenden Pausen — waren für die Verhältnisse, wie sie vor dem Kriege tatsächlich bestanden, sehr reichlich (vgl. die Angaben von Hausding a. a. O.). Die Löhne können nach dem Kriege — ohne die Wirtschaftlichkeit der Anlage Kohlewerken gegenüber zu verändern — in dem Maße erhöht werden, in dem auch die Förderkosten für Kohle gestiegen sein werden; hierbei wird sich sogar für den Torf noch insofern ein Vorteil ergeben, als die Landlöhne voraussichtlich sich nicht in gleichem Maße wie die Förderlöhne erhöhen dürften. Aber auch gute Löhne werden nur in beschränktem Umfange zu einer Arbeit locken, die nur Saisonarbeit ist.

Hier wäre zunächst ein wenig zu helfen durch gute Verteilung der Arbeit über eine möglichst lange Zeit im Jahre; diese Möglichkeit — ohnehin Voraussetzung bei einer vernünftigen Bewirtschaftung — ist aber naturgemäß äußerst beschränkt. Ein besonderer Anreiz zur Übernahme der Arbeit könnte wohl geschaffen werden durch Bereitstellung guter und billiger Unterkunft, Verpflegung und anregender Erholungsmöglichkeit; vor allem aber durch Einrichtung eines Arbeitsnachweises, der bei Schluß der Arbeitsperiode in Wirksamkeit zu treten und gute Beziehungen zu anderen Arbeitsnachweisen zu pflegen hätte.

b) Jungmannen. Weiterhin wären vielleicht für diese wichtigen Arbeiten Kräfte zu gewinnen durch Heranziehung von hierfür körperlich geeigneten Schülern der oberen Klassen und von Studenten. Deren Hilfe bei landwirtschaftlichen Arbeiten soll sich während des Krieges — geeignete Anleitung und Behandlung vorausgesetzt — immer mehr bewährt haben[1]); sie werden als tüchtig, fleißig und zuverlässig bezeichnet[2]). Dabei darf nicht etwa angenommen werden, daß diese Jungmannen nur für rein landwirtschaftliche Handarbeit zu gebrauchen wären; sie haben sich z. B. auch als Führer von Motorpflügen recht gut bewährt; hierfür wurden sie auch in der Maschinenschlosserei und

1) Apel, Die Entwicklung des landwirtschaftlichen Jungmannenhilfsdienstes. Der Tag. Nr. 204 vom 31. 8. 1918. — Erzgraeber, Die Jungmannenseele. Der Tag, Nr. 206, vom 3. 9. 1919. — Dittmann, Der freiwillige Schülerhilfsdienst bei der Frühjahrsbestellung, Erfahrungen bei der bremischen Landwirtschaft. Kriegsamt Nr. 55 vom 2. 7. 1918. — Plietzsch, Bericht aus dem Herzogtum Braunschweig. Kriegsamt Nr. 55 vom 2. 7. 1918. — Krahe, Der freiwillige Schülerhilfsdienst in der Provinz Posen. Kriegsamt Nr. 52 vom 29. 5. 1918. — Müller, Die Tätigkeit der Schüler der Oberrealschule bei St. Johann. Kriegsamt Nr. 58 vom 6. 8. 1918.

2) Schinke, Freiwilliger Schülerhilfsdienst der Halbstädter Schüler. Kriegsamt Nr. 52 vom 29. 5. 1918.

in Schmieden ausgebildet und waren befähigt, gewöhnliche Störungen im Motorpflugbetriebe selbständig zu beheben und normale Auswechselungen und Reparaturen unverzüglich auszuführen[1]). Die technisch begabteren unter den Schülern könnten also für Maschinenwendung und -Häufelung und für die Formmaschinen Verwendung finden, während die anderen sich bei den zahlreichen Hilfsarbeiten betätigen könnten.

Die Entlohnung wird natürlich zuerst, bis zur fertigen Anlernung, nur gering sein können, müßte aber jederzeit voll entsprechend der tatsächlich geleisteten Arbeit sein; dann kann, abgesehen davon, daß die Schüler nur herangezogen werden dürfen, sofern auf dem sonstigen Arbeitsmarkt Kräfte nicht aufzutreiben sind — von einer Unterbietung der Berufsarbeiter und Herabdrückung der Löhne keine Rede sein. Andererseits wird dadurch der Eifer der jungen Leute angespornt, sie lernen den Wert ihrer Hände Arbeit schätzen, kommen mit den Arbeitern in enge Berührung und werden so von den Vorurteilen des Standes oder einseitiger Bildung befreit. Auch ist zu vermuten, daß in Zukunft — durch die Einheitsschule und durch die Erleichterung des Universitäts- und Hochschulstudiums für die weniger bemittelten Bevölkerungsschichten — viel mehr junge Leute als heute mit Freuden jede Gelegenheit ergreifen werden, bei der durch nützliche Arbeit ein anständiger Lohn zu verdienen ist. Ganz ähnliches sieht man ja schon lange in Amerika.

Diese Bestrebungen müßten dann allerdings von seiten des Staates dadurch unterstützt werden, daß für derartige Zwecke eine Staffelung der Ferien ermöglicht wird, derart, daß sich die Schüler und Studenten der einzelnen Unterrichtsanstalten in der Ferienarbeit bei den Enttorfungsanlagen abwechseln können. Vielleicht wäre es sogar angezeigt, derartige und ähnliche praktische Arbeiten von vorneherein im Lehrplan vorzusehen; denn zweifellos ist der erzieherische Wert solcher Arbeit, wie jeder Ingenieur aus seiner „praktischen Vorbereitungsarbeit" weiß, nicht gering zu veranschlagen. Dann wäre zu erwägen, bestimmte Anlagen als „Jungmannen-Moorkulturen" anzulegen und sie in der Hauptsache mit Schülern und Studenten zu belegen. Allerdings müßten, nach den bisher gemachten Erfahrungen, die Schüler möglichst unter die Arbeiter verteilt werden.

c) **Strafgefangene.** Für andere Enttorfungsanlagen könnte der Betrieb durch Strafgefangene in Betracht gezogen werden. Nach den Grundsätzen einer gesunden Strafpolitik können „als Außenarbeit für Gefangene nur solche Arbeiten in Betracht kommen, die im öffentlichen Interesse ausgeführt werden, bei denen ein Druck auf den Lohn der freien Arbeiter nicht ausgeübt wird, und die zugleich die Möglichkeit bieten, die Gefangenen von freien Arbeitern so vollständig getrennt

[1]) Martiny, Ausbildung von Motorpflugführern. Illustrierte Landwirtschaftliche Zeitung Nr. 77 vom 28. 8. 1918.

und so unter strenger Aufsicht zu halten, daß der Charakter der Freiheitsstrafe gewahrt bleibt. Solche Arbeiten sind . . . . Bau von Kanälen, öffentlichen Wegen, Entwässerung von Mooren und Sümpfen, Kultivierung oder Aufforstung von Ödländereien usw."[1]). Derartige Arbeiten sind in England, Frankreich, Österreich und Preußen durch Gefangene erfolgreich durchgeführt worden. Wie Schüler und Studenten, so würden Strafgefangene zu den Moorarbeiten nur heranzuziehen sein, wenn andere Arbeitskräfte nicht zur Verfügung stehen, oder erst aus dem Auslande eingeführt werden müßten; auch in bezug auf Menschenarbeit wird weitgehendste Binnenwirtschaft in Zukunft geboten sein. Die Strafgefangenen könnten dann unter Aufsicht und Leitung freier Führer und Vorarbeiter eine hierfür geeignete ganze Enttorfungsanlage allein betreiben; der Ausschluß freier Arbeiter wäre bei den vorkommenden, unschwer erlernbaren Arbeiten auch bei weitgehendster Verwendung von Maschinen durchführbar. Die freien Führer und Vorarbeiter werden leicht — zusammen mit dem Gefangenenaufsichtspersonal — von den Gefangenen im nötigen Abstand zu halten sein. Auch genügend sichere Vorkehrungen gegen Fluchtgefahr dürften sich selbst bei großen Betrieben ermöglichen lassen.

In der Tat arbeiten in Preußen bereits 4—500 Gefangene bei der Moorkultur; in Ostpreußen, Pommern, Schleswig-Holstein und Hannover ist die Kultivierung von zusammen etwa 9000 ha in Angriff genommen. Die Flächen sollen später endgültig von kleineren und mittleren bäuerlichen Ansiedlern urbar gemacht werden; um aber die Kolonisten existenzfähig zu machen, wird ihnen mindestens die Hälfte des zugewiesenen Kolonats durch die Gefangenen vorkultiviert, die auch Kanäle, Wege und Häuser anlegen. Auf diese Weise sollen in Kolonaten von je ungefähr 10 ha etwa 900 bäuerliche Familien angesiedelt werden[2]). Auch Bayern und die Schweiz[3]) gehen ähnlich vor.

Wie Krohne[4]) hervorhebt, liegt hierbei „der sozialpolitisch bedeutsame Gedanke zugrunde, die Arbeitskraft der staatszerstörenden Elemente auszunutzen, um feste Wohnstätten zu schaffen für eine bäuerliche Bevölkerung, die zu allen Zeiten der festeste Rückhalt für die staatliche Ordnung gewesen ist und bleiben wird. Dabei ist nicht ausgeschlossen, daß auch einem Gefangenen, der den ernsten Willen hat, sich in das geordnete soziale Leben wieder einzufügen, einer der neu gegründeten Siedelungen überwiesen werden kann."

---

[1]) Krohne, Gefängnisarbeit. Handwörterbuch der Staatswissenschaften Jena, Gustav Fischer. 1909, S. 531 ff.

[2]) Krohne, Die Verwendung von Strafgefangenen zur Moorkultur und Moorbesiedelung. (Die Entwicklung der Moorkultur in den letzten 25 Jahren.) Berlin, Parey. 1908, S. 117.

[3]) O. Kellerhals, Die Domäne und Strafkolonie Witzwil. Bern 1904.

[4]) Krohne, Gefangenenarbeit. A. a. O. S. 544.

4. Staatliche Bewirtschaftung.

In den Ausführungen von Krohne ist zugleich gezeigt, welch großes Interesse für den Staat an der Durchführung der Moorkultur besteht. Nimmt man dazu, daß für eine rationelle Erschließung größerer Moorflächen einheitliche Gesichtspunkte für die Entwässerung und den Torfabbau unerläßlich sind, daß bei der Entwässerung insbesondere auch die allgemeinen Schiffahrtsverhältnisse weitgehendst berücksichtigt werden müssen, so wird erkennbar, daß — abgesehen von allen sonstigen politischen Erwägungen — Aufgaben von dieser Größe, Wichtigkeit und Tragweite im Inlande vorzüglich vom Staate in die Hand genommen werden sollten.

Andererseits sind auch wenige Aufgaben mehr geeignet zur staatlichen Durchführung; die Torfgewinnung selbst ist ein Unternehmen von großer Stetigkeit, keinen Zufällen und keiner Konjunktur unterworfen; ähnlich das Kraftwerk, dessen Bau und Betrieb durch den Staat in der jüngsten Literatur wiederholt behandelt worden ist[1]. Nur die chemische Anlage ist mit ihren Erträgnissen vom Markt abhängig. — Hiermit ist natürlich nicht ausgeschlossen, daß nicht auch der Betrieb von Anlagen dieser Art, wie sie ein großes Torfkraftwerk mit Torfgewinnungsanlage darstellt, durch eine oder einen Zusammenschluß von mehreren privaten Gesellschaften vorteilhaft durchgeführt werden könnte. Deutschland wird sich aber das Wort W. Rathenaus zu eigen machen müssen, wonach „Wirtschaft nicht mehr Sache des Einzelnen, sondern Sache der Gesamtheit" ist[2], und wird es vor allem bei der Bewirtschaftung seiner kostbaren Bodenschätze zur Anwendung bringen müssen. Deshalb würden für private Unternehmungen dieser Art wohl nur das Ausland — z. B. Rußland mit seinen ungeheueren Torfmooren — in Frage kommen. Im Inlande hätte der Staat durch Kauf oder Enteignung alle größeren zusammenhängenden Torfmoore in seine Hand zu bringen, oder die Eigentümer durch langfristige, einheitliche Zwangsverträge zu verpflichten, die vom Staate durchgeführte Entwässerung und den vom Staate veranlaßten Torfabbau zu dulden, und die vom Staate bezeichneten Flächen in bestimmte Kultur zu nehmen.

a) Unternehmungsformen. Die Formen, in welchen der Staat eine derartige Aufgabe übernehmen kann, sind zur Zeit: 1. der Staatsbetrieb (fiskalische Betrieb), bei dem — wie z. B. bei den Staatseisenbahnen — der Staat nicht nur das ganze Unternehmen finanziert, sondern

---

[1] G. Siegel, Der Staat und die Elektrizitätsversorgung. Elektrotechnische Zeitschrift 1915, S. 427. — G. Klingenberg, Elektrische Großwirtschaft unter staatlicher Mitwirkung. Elektrotechnische Zeitschrift 1916, S. 297. — Elektrotechnische Zeitschrift 1916: Verschiedene. — H. Büggeln, Die volkswirtschaftliche Bedeutung der zukünftigen elektrischen Großwirtschaft. Technik und Wirtschaft 1917, S. 320.

[2] W. Rathenau, Die neue Wirtschaft. Fischer, Berlin, 1908.

es auch betreibt, und zwar mit Angestellten, die im Staatsbeamtenverhältnis stehen, also nach feststehenden Sätzen besoldet werden und unkündbar angestellt sind; 2. die öffentliche Aktiengesellschaft, die sich weder in Form noch Betrieb von einer privaten Aktiengesellschaft unterscheidet, deren Aktien sich jedoch ausschließlich in Händen des Staates befinden; 3. die gemischt-wirtschaftliche Aktiengesellschaft, bei der die Aktien teilweise im Eigentum des Staates, teilweise im privaten Eigentum sind (entsprechend können gegebenenfalls an Stelle des Staates andere öffentlichrechtliche Körperschaften treten); und endlich 4. die privilegierte Aktiengesellschaft — wie man sie nennen kann —, die zwar mit privaten Mitteln arbeitet, aber vom Staat mit gewissen Sonderrechten ausgestattet ist, für die sich andererseits der Staat einen bestimmten Einfluß auf die Tätigkeit der Gesellschaft, gegebenenfalls auch am Gewinn sichert. Diese Unternehmungsform, an der sich auch Kommunalverbände und andere Körperschaften des öffentlichen Rechts beteiligen könnten, und die vielleicht auch in der Form von Selbstverwaltungskörpern aufzubauen wären, hat gegenüber den vorerwähnten den Vorteil größter Beweglichkeit; sie bietet für den Staat keinerlei Risiko, sichert ihm aber gebührenden Einfluß und gegebenenfalls Beteiligung am Gewinn. Die Vor- und Nachteile der einzelnen Formen gegeneinander allgemein abzuwägen, ist nicht Aufgabe vorliegender Untersuchung; hier sei nur auf den Vortrag von Aumund aufmerksam gemacht, der unter anderem diesen Gegenstand — mit Ausnahme der privilegierten Aktiengesellschaft — behandelt[1]).

Bei den Torfanlagen kämen — infolge des oben angezeichneten geschäftlichen Wesens der verschiedenen Teile der Anlage — verschiedene Betriebsformen in Frage. Die Torfgewinnung würde sich in besonderem Maße für den Staatsbetrieb eignen; nach den bei staatlich betriebenen Kohlebergwerken bisher gemachten Erfahrungen indessen wären im Interesse einer möglichst billigen Torferzeugung wohl nur die mit Strafgefangenen betriebenen Anlagen als fiskalische zu betreiben, die anderen als öffentliche, als gemischt-wirtschaftliche oder als privilegierte Aktiengesellschaften. Das Land selbst würde dabei Staatseigentum bleiben, auch wäre der Torf nach besonderen Verträgen, bei denen dem Unternehmer ein angemessener Gewinn bleibt, an den Staat zu liefern oder an bestimmte, vom Staate zu bezeichnende Betriebe; in diesem Falle müßte der Staat auf etwaige unmittelbare Verträge zwischen Torfgewinnungs- und Torfverwertungsbetrieb gebührenden Einfluß haben. Bei dem Kraftwerk bieten alle genannten Formen bestimmte Vor- und Nachteile. Auch könnte das Kraftwerk Staatseigentum sein, während der Betrieb entweder von einer öffentlichen oder von einer gemischt-

[1]) Aumund, Aufgaben der Technik im Dienste der öffentlichen Gemeinwesen. Technik und Wirtschaft 1917, Heft 11.

wirtschaftlichen Aktiengesellschaft geführt wird. Entsprechendes käme für das Verteilungsnetz in Frage, ebenso für die chemische Anlage. Wegen des erhöhten Risikos indessen dürfte sich im allgemeinen für die chemische Anlage nur die gemischtwirtschaftliche oder die privilegierte Aktiengesellschaft empfehlen. — Der Staat, als in allen Teilen der Anlage Unternehmer, hätte das Ganze zu reibungsloser Arbeit zusammenzufassen.

b) Gemeininteresse. Die deutschen Staaten haben sich der Moorkultur bereits seit der Zeit Friedrichs des Großen angenommen[1]), haben Moorversuchsstationen, Moorkommissionen, Moorvereine usw. weitgehendst unterstützt. Zu einem im neuzeitlichen Sinne wirklich großzügigen Erfassen dieser großen, wundervollen Aufgabe, aus Ödland Stätten landwirtschaftlicher Kultur zu schaffen, konnte es aber bisher nicht kommen. Jetzt zwingt uns die Not der Stunde, jedwede Möglichkeit zu ergreifen, unserem zu landwirtschaftlicher Nutzung geeigneten Boden den letzten Halm abzugewinnen, damit wir ihn nicht vom Auslande kaufen müssen; die noch brachliegenden deutschen Moore könnten 4,9 Millionen t Roggen jährlich tragen im Friedenswerte von rund 810 Millionen Mark; würden sie als Weide genutzt, so könnten dadurch während einer Weideperiode 450 000 t Fleisch erzeugt werden, so daß wir dadurch allein für etwa 790 Millionen Mark weniger einzuführen brauchten oder eine entsprechende Menge für die Ausfuhr frei bekämen[2]). Diese Jahreserträgnisse entsprechen — bei Annahme einer fünfprozentigen Verzinsung — einem Kapital von rund 16 Milliarden Mark; dieser große Teil des Volksvermögens — nach den neuesten Schätzungen etwa 4,5 vH des gesamten — ist zur Zeit unverzinst, liegt nutzlos da. — Zehntausende von Kriegsinvaliden werden zu versorgen sein; schätzt man die noch nicht urbar gemachte Moorfläche Deutschlands auf 1,8 Millionen Hektar und berechnet — sehr reichlich — für ein Kolonat

---

[1]) H. Thiel, Die staatlichen Leistungen für die Moorkultur in Preußen. S. 1. A. Baumann, Staatliche Fürsorge für die Moorkultur im Königreiche Bayern. S. 37. Beides: Die Entwicklung der Moorkultur in den letzten 25 Jahren. Berlin, Parey 1908.

[2]) Hier ist nur mit $^3/_4$ der auf S. 6 und 7 angegebenen Ertragswerte gerechnet, in der Annahme, daß jene Zahlen Höchstwerte darstellen; 75% dieser Höchstwerte dürften sich aber bei sachgemäßer Durchführung im Mittel erreichen lassen. — Natürlich sind dies aber nur ganz rohe Überschlagszahlen, die nur von der hier in Betracht kommenden Größenordnung der Werte ein Bild geben sollen. Auch wird selbstverständlich keine einseitige Verwertung des Bodens weder als Weide noch als Acker stattfinden; die Wirtschaft wird vielmehr eine gemischte sein, wie es sich bei Aufteilung in Bauernhöfe und Siedlerstellen als üblich ergibt.

Vorzügliche Ergebnisse sollen übrigens mit Anbau von Hanf gemacht sein, der als Baumwollersatz eine große Zukunft haben soll (vgl. W. Büsselberg, Die Landwirtschaft im neuen Deutschland. Zeitschrift des Vereines deutscher Ingenieure, 1919, S. 229). Auch sind die verfehnten Moore zur Aufforstung vorzüglich geeignet.

10 ha, so könnten auf den Mooren noch 180 000 Ansiedler mit Familie und Arbeitshilfe, also rund 1,1 Millionen Menschen untergebracht werden, für deren gute Ernährung und anständiges Fortkommen damit gesorgt ist[1]). — Die Vorräte an Webstoffen im Lande sind fast aufgebraucht, der Wollertrag der deutschen Schafschur, der Nesselanbau, die Nutzung von Typha, Ginster usw. liefern nicht genug Jahresertrag zur Bekleidung des deutschen Volkes; wir sind auf große Einfuhr angewiesen, die wir mit unserer Arbeit sehr teuer bezahlen müssen; die im Moostorf enthaltene Torffaser liefert hier eine hochwillkommene Streckung unseres Ertrages an Spinnfasern, von großer Ergiebigkeit während sehr langer Zeit[2]). — Von dem zur Düngung besonders wertvollen Stickstoff des Stallmistes gehen fast 50% bei Aufbewahrung, Anfuhr und Ausstreuen verloren, im Werte von 600 bis 1000 Millionen Mark jährlich[3]). Ein sehr großer Teil hiervon könnte bei Verwendung von Torfstreu durch deren großes Ammoniakbindevermögen gerettet werden; ganz abgesehen von den hygienischen Vorteilen der Torfstreu für die Viehhaltung, deren Wert in Zahlen nicht zu schätzen ist. — Unsere Kohlenläger, eines unserer kostbarsten Volksgüter, die uns auch ein hervorragendes Tauschmittel für den Auslandsmarkt liefern, müssen wir nach Möglichkeit schonen; die deutschen Hochmoore können im Torf die gleiche Energie liefern wie 1,5 Milliarden Tonnen guter Steinkohle im Betrage von abermals 21 Milliarden Mark (wie alles hier, nach Friedenspreisen — 1913/14 — gerechnet). Und damit erlangten wir zugleich eine neue Quelle für hochwertigen Teer und die aus ihm zu gewinnenden wichtigen Rohstoffe; von diesen nehmen die Öle jetzt eine besondere Stelle ein, von einer Bedeutung, die heute noch nicht zu übersehen ist. Wir gewännen Paraffin, und wir könnten große Mengen von Ammoniumsulfat erzeugen, das seinerseits wieder die Erträge der Landwirtschaft steigern würde. In den Torfverkohlungsanlagen kann vorzügliche Torfkohle hergestellt werden, durch die unsere Einfuhr an Feineisen ganz oder teilweise überflüssig gemacht werden kann. Große Torfkraftwerke endlich könnten gewaltige Energiemengen erzeugen, große Industrien aufblühen lassen an Orten, wo heute Einöde ist; sie würden die weitgehendste Einführung elektrischen Betriebes in die Landwirtschaft ermöglichen, die heute bei dem Zwang zur Ersparnis an Menschenarbeit und bei der Notwendigkeit intensiver Kultur so dringend nötig ist und von allen Seiten gefordert wird[4]). Vielleicht würden sie auch der Elektrokultur dienen können, über deren Erfolge die Untersuchungen

[1]) Es darf nicht übersehen werden, daß sich die Zahlen alle auf die oben (S. 4) mitgeteilten Werte für die Größe der Moore stützen, daß diese Größe aber neuerdings stark angezweifelt und als erheblich zu bedeutend angesehen wird.

[2]) Vergl. S. 130, Anm. 2, Abs. 2.

[3]) W. Büsselberg a. a. O.

[4]) W. Büsselberg, Die Technik in der Landwirtschaft. Technik und Wirtschaft, 1917, S. 457. — Industrialisierung der Landwirtschaft. Vorwärts vom 4. 12. 1918, Nr. 333.

noch lange nicht abgeschlossen sind. Diese Torfkraftwerke könnten wichtige Knotenpunkte werden in einem Energienetz, das Deutschlands Städte und industrielle Anlagen mit Licht und Kraft versorgt und die elektrischen Fernbahnen der Zukunft speist.

Hier ist ein wertvolles Mittel gegeben, den von W. Rathenau aufgestellten Grundsatz zu befolgen: „Nichts vergeuden, alle Quellen erschließen, unabhängig werden vom Auslande“[1]).

Gewiß zehren wir durch schnellen Abbau der Torfläger diesen Teil unseres Volksvermögens auf; verbrauchen die Torffaser, die nicht nachwächst, verbrauchen die chemische und thermische Energie des Torfes. Die Energie des Torfes wird aber produktiv verbraucht, zeugt neue Werte. Und die Energie des Torfes und die von ihm gelieferte Faser brauchen wir gerade jetzt, brauchen wir so schnell wie möglich, mit einer Dringlichkeit, wie nie zuvor und — so hoffen wir zuversichtlich — niemals später. Jetzt heißt es diese Werte schaffen, jetzt über den toten Punkt gelangen; es ist an der Zeit, diese Reserven zu benutzen. Aber wir verbrauchen ja nicht nur Reserven, wir schaffen ja Kulturland mit jedem Spatenstich, deutschen Ackerboden, der Jahr für Jahr wieder seine Früchte trägt, hunderttausenden von deutschen Männern und Frauen im Vaterlande Land und Brot gibt. — Viel eigenartige Schönheit, wie sie die weiten Hochmoorflächen dem Naturfreund bieten, wird dabei zerstört werden; wir werden, wir müssen sie eintauschen gegen die Schönheit wogender Kornfelder und weiter Weideflächen, durchschnitten von schiffbaren Kanälen[2]).

c) Staatliche Maßnahmen. Die schnelle großzügige Kultivierung der deutschen Moore ist eine der wichtigsten Aufgaben der Staaten und des Reiches. Die Möglichkeiten zu ihrer wirtschaftlichen Durchführung sind gegeben; sie erfordert keine Wechsel auf lange Sicht, wie die Anlage unserer Überseekolonien. — Es muß aber zuerst ein klarer Überblick über die Lage gewonnen werden. Neben der Inangriffnahme von Mooren, die als hierfür geeignet schon bekannt sind, hätte zunächst eine genaue Vermessung aller deutschen Moore zu erfolgen, nach Lage, Umfang, Oberflächen- und Untergrundnivellement; dann wären ausführliche Entwässerungspläne auszuführen unter Berücksichtigung der Schiffahrt und der Fischwirtschaft; ferner eingehende und zuverlässige Untersuchungen über die Zusammensetzung des Torfes und seine Eigenschaften. Ansätze für die Vermessung sind in Bayern gemacht worden

[1]) W. Rathenau, Probleme der Friedenswirtschaft. S. Fischer, Berlin 1917.

[2]) Die von einigen Seiten erhobenen Bedenken gegen eine ausgedehnte Moorkultur wegen der hydrologischen und metereologischen Funktionen der Moore sind hinfällig (vgl. Hoering a. a. O. S. 153ff.).

durch Einsetzung der Kulturingenieure[1]) und durch Einrichtung der Moorversuchsstationen auch in Preußen[2]). Dieses System wäre beschleunigt auszubauen, wobei für die bei der Neuordnung des Heereswesens überzählig werdenden Offiziere ein dankbares Feld nützlicher Tätigkeit gegeben wäre. Schneller käme man zum Ziel, wenn man daneben den dazu geeigneten technischen Truppen die viel Arbeit und viel Zeit erfordernde Vermessung als Übungsaufgabe zuwiese. — Dies aber führt zu der weiteren Überlegung, ob es wohl nicht ratsam wäre, zur schnellstmöglichen Durchführung der Enttorfung, soweit auf dem Arbeitsmarkte Kräfte fehlen, Jungmannen und Gefangene nicht ausreichen, Truppen heranzuziehen, die hierbei eine nationale Arbeit von höchster Bedeutung zu leisten hätten; oder ob man nicht sogar einen nationalen Arbeitsdienst einrichten sollte.

Die Fülle der Probleme, die bei der Durcharbeitung der Aufgabe auftauchen, ist so groß, wie die Aufgabe selbst. Die Probleme sind aber lösbar und sie werden gelöst werden, neu und anders für jeden Einzelfall, an dem man wieder für den nächsten lernen wird. Die Hauptsache ist hier wie überall der Wille zur Tat.

„Ergreift das Werkzeug, Schaufel rührt und Spaten,
Das Abgesteckte muß sogleich geraten.
Auf strenges Ordnen, raschen Fleiß
Erfolgt der allerschönste Preis. — — —“

„Schaue grünend Wies' an Wiese,
Anger, Garten, Dorf und Wald.“

(Goethe, Faust II.)

---

[1]) A. Baumann a. a. O.

[2]) H. Thiel, a. a. O. — B. Tacke, Die Moorversuchsstationen in Bremen. — Ch. Müller, Die Emsabteilung der Moor-Versuchsstation. S. 20. — Beckert, Die Abteilung der Moor-Versuchsstation in Aurich. S. 25. Sämtlich: Die Entwicklung der Moorkultur in den letzten 25 Jahren. Parey, Berlin 1908.

Druck der Universitätsdruckerei H. Stürtz A. G., Würzburg.